高等学校电子与通信类专业“十三五”规划教材
东北大学秦皇岛分校教材建设基金资助

MATLAB 与无线电信号处理分析

刘福来　杜瑞燕　编著

西安电子科技大学出版社

内 容 简 介

本书系统介绍了 MATLAB 的操作方法及其在通信领域的应用。全书共 6 章，除 MATLAB 基础知识和基本操作以外，书中内容还涵盖了矩阵分析、信号与系统、数字信号处理、通信原理、无线电信号处理与分析等学科和领域的相关知识。本书注重理论知识与实践操作相辅相成，书中给出了大量的 MATLAB 脚本文件及示例，读者在学习数学与通信等领域理论知识的同时能够进一步掌握 MATLAB 在相关领域的应用。为方便读者的自我检测，除第 1 章外，本书其他各章最后都给出了习题供读者练习，以加深读者对理论知识的理解与感悟，提高读者的编程能力。

本书适合作为高等院校通信工程、电子工程等专业的本科生、研究生相关课程的教材和参考书，也可作为相关技术人员、科研人员及 MATLAB 爱好者的参考资料。

图书在版编目(CIP)数据

MATLAB 与无线电信号处理分析/刘福来，杜瑞燕编著．—西安：西安电子科技大学出版社，2020.1

ISBN 978-7-5606-5563-5

Ⅰ．① M… Ⅱ．① 刘… ② 杜… Ⅲ．① Matlab 软件—应用—无线电信号—信号处理 Ⅳ．① TN911-39

中国版本图书馆 CIP 数据核字(2019)第 273276 号

策划编辑 刘小莉
责任编辑 马 凡 雷鸿俊
出版发行 西安电子科技大学出版社(西安市太白南路 2 号)
电 话 (029)88242885 88201467 邮 编 710071
网 址 www.xduph.com 电子邮箱 xdupfxb001@163.com
经 销 新华书店
印刷单位 陕西天意印务有限责任公司
版 次 2020 年 1 月第 1 版 2020 年 1 月第 1 次印刷
开 本 787 毫米×1092 毫米 1/16 印张 11
字 数 256 千字
印 数 1～3000 册
定 价 31.00 元
ISBN 978-7-5606-5563-5/TN

XDUP 5865001-1

*** 如有印装问题可调换 ***

前　　言

MATLAB是MathWorks公司推出的一套高性能数值计算和可视化软件，集数值分析、矩阵运算、信号处理和图形显示于一体。MATLAB功能强大、简单易学、编程效率高，深受广大科研工作者的欢迎。

本书主要用作通信工程、电子工程等专业的教材和参考书，在内容安排方面有如下特点：

(1) 详细介绍矩阵分析、信号与系统、数字信号处理、通信原理、无线电信号处理与分析等领域涉及的基本理论、基本性质、基础算法，是一本融合多学科、多领域的综合性参考书。

(2) 通过大量的MATLAB脚本和实例对相关领域的概念、性质和结论进行验证和拓展，并附有详尽的代码注释，实用性和可实现性强，便于读者熟悉、掌握和熟练使用MATLAB，帮助读者打下较好的编程基础。

(3) 内容安排由浅入深、循序渐进。首先介绍基本概念和基本操作，在读者掌握了这些基本概念和基本操作的基础上，再深入讲解矩阵分析、信号与系统、通信原理等领域的知识，最后详细讲述无线电信号处理理论与仿真应用，内容衔接流畅，层层深入。

(4) 内容紧紧跟随科学前沿，把握热门研究方向，深入介绍阵列信号处理领域中的信源测向、信源分离和波束成形方法，无线通信领域中的频谱感知方法，以及5G通信领域中的毫米波大规模MIMO混合预编码方法等多种常用方法。本书不仅可作为初学者的入门教材，也可作为相关技术人员和科研人员的参考资料。

本书共6章。第1章为绪论，作为本书开篇，概述MATLAB起源、特点、基础入门及无线通信系统仿真的相关概念；第2章为MATLAB基础，简要介绍 MATLAB 的操作方式、常用命令和函数及图形绘制；第 3 章为矩阵运算及 MATLAB 实现，详细说明常用矩阵运算和特殊矩阵的定义、性质以及它们在 MATLAB 中的实现方法；第 4 章为无线电信号仿真基础，主要介绍信号的时、频域分析；第 5 章为无线电通信系统仿真基础，主要阐述模拟调制解调和数字调制解调理论及 MATLAB 实现；第 6 章为无线电信号处理与仿真应用，详细介绍无线电信号处理领域中的多种常用算法原理并给出 MATLAB 脚本。在这些章节中，理论阐述与仿真实现相辅相成，可加深读者对理论知识的理解，提高读者的编程能力。

本书第 2、6 章由刘福来编写，第 1、3 章由刘华菁编写，第 4、5 章由杜瑞燕编写，刘福来、杜瑞燕负责全书的统稿工作。硕士研究生李天桂、张丽杰、陈晓丹、秦东宝参与了书稿校对等工作。

由于编者水平有限，书中可能还存在疏漏和不妥之处，恳请读者指正。

作为东北大学秦皇岛分校校级立项教材，本书得到了东北大学秦皇岛分校教材建设基金资助项目的经费支持。同时，在西安电子科技大学出版社及本书策划编辑刘小莉的支持推动下，本书得以顺利出版，作者对他们的支持和帮助表示衷心的感谢。

编　者

2019 年 8 月于东北大学秦皇岛分校

目　　录

第1章　绪　　论

自1984年由美国MathWorks公司推向市场以来，MATLAB经过三十多年的发展与竞争，现已成为国际公认的最优秀的工程应用开发软件。MATLAB功能强大、简单易学、编程效率高，深受广大科技工作者的欢迎。在国内外各高等院校，MATLAB已经成为线性代数、自动控制理论、数字信号处理、动态系统仿真、图像处理等课程的基本教学工具，也是本科生、硕士生及博士生必须掌握的基本软件。本章对MATLAB的基本用法及通信系统仿真做简单介绍。

1.1　MATLAB简介

MATLAB软件系列产品是一套功能强大的数值运算和系统仿真软件，被誉为"巨人肩膀上的工具"。

1.1.1　MATLAB的起源

20世纪70年代，时任美国墨西哥大学计算机科学系主任的Cleve Moler利用FORTRAN语言为学生开发了一种能够调用LINPACK和EISPACK两个矩阵运算软件包的接口程序，这就是矩阵实验室(MATrix LABoratory，MATLAB)的初级版本。1984年，Jack Little、Cleve Moler、Steve Bangert合作成立了MathWorks公司，并把MATLAB正式推向市场。MATLAB的内核采用C语言编写，而且除原有的数值计算能力外，还新增了数据图示功能。与常用的FORTRAN、C等高级语言相比，MATLAB的语法规则更简单，更贴近人的思维方式。它以超群的风格与性能风靡全世界，成功应用于各工程学科的研究领域。目前，MATLAB软件版本每年都在更新，新版本兼容旧版本，旧版本的程序可以不进行任何修改地在新版本中运行。

1.1.2　MATLAB的特点

1. 精准快速的数值计算和符号计算功能

MATLAB具备强大的数值计算和符号计算功能。其数值计算功能包括矩阵运算、多项式和有理分式运算、数据统计分析、数值积分等。它的数值计算速度快、精度高、收敛性好、函数库功能强大。此外，在解决数学问题的过程中，往往需要大量的符号计算和推导，MATLAB的符号计算功能可以快速准确地求解问题。强大的数值计算功能和符号计算功能是MATLAB优于其他计算软件的突出特点。

2. 强大的编程语言功能

MATLAB除了命令行的交互式操作以外，还可以以程序方式工作。使用MATLAB

可以很容易地实现C或者FORTRAN语言的几乎全部功能，包括Windows图形用户界面的设计等。

3. 优秀的图形功能

MATLAB可以轻而易举地绘制二维、三维及四维图形，并可进行图形和坐标的标识、视角和光照设计、色彩精细控制等。MATLAB可以利用图形用户界面GUI制作工具来制作用户菜单和控件，使用者可以根据自己的需求制作出满意的图形界面。

4. 良好的声音和图像文件处理能力

MATLAB支持的声音和图像文件格式有很多种，如wav、bmp、gif、pcx、tif、jpeg等。在MATLAB中只需要简单的命令，就可以将声音文件或图像文件读入系统中并对它们进行相应的处理。如果使用高级语言实现文件的读取操作，则需要程序员对文件格式有一定的了解，之后才能根据文件格式选择适当的命令进行相应的数据读取。

5. 功能强大的工具箱

MATLAB包括基本部分和各种可选的工具箱。基本部分中有数百个内部函数，可以满足一般的应用需求。MATLAB的工具箱分为两大类：功能性工具箱和学科性工具箱。功能性工具箱主要用来扩充其符号计算功能、可视建模仿真功能、文字处理功能等。学科性工具箱专业性比较强，如控制系统工具箱、信号处理工具箱、通信系统工具箱、神经网络工具箱、最优化工具箱、金融工具箱等，用户可以直接利用这些工具箱进行相关领域的科学研究。

6. 便捷的扩展功能

使用MATLAB语言编写的程序可以直接运行，无须编译。通过使用MATLAB Compiler和C/C++ Math Library，用户还可以将MATLAB语言编写成的M文件转变为独立于平台的EXE可执行文件。MATLAB的应用接口程序API是MATLAB中十分重要的组件，它由一系列接口指令组成。用户可在FORTRAN或C语言中把MATLAB当作计算引擎来使用。

正是由于以上特点，MATLAB短时间内在通信、自动控制、航空航天、汽车工业、工业设计等领域得到了广泛的应用。广大学生可以使用MATLAB来进行信号处理、通信原理、自动控制原理等课程的学习；科研人员可以使用MATLAB进行理论研究、算法开发、产品原型设计与仿真等。

1.2 MATLAB基础入门

1.2.1 MATLAB操作界面简介

MATLAB操作界面是一个高度集成的工作界面，其默认形式如图1.1所示。该界面由主页工具栏及四个常用的窗口组成。四个窗口包括：命令行窗口(Command Window)、当前目录(Current Directory)窗口、工作区(Workspace)窗口和历史命令(Command History)窗口。

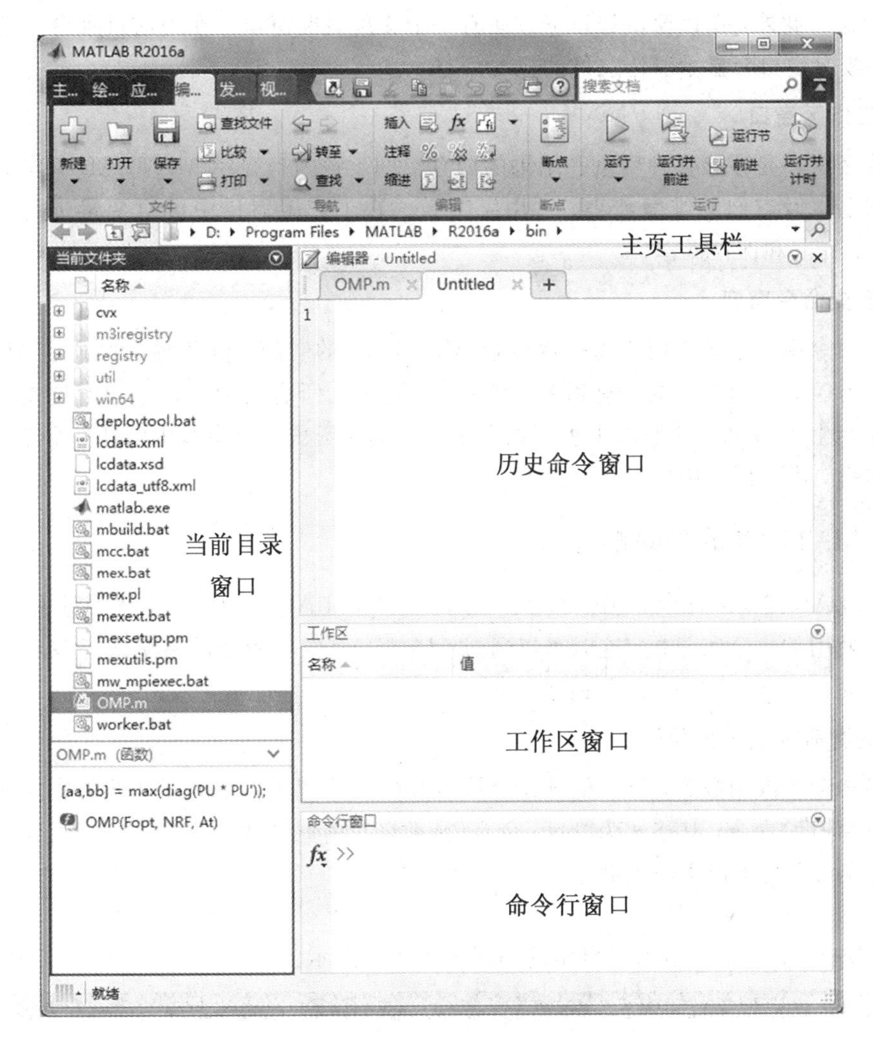

图 1.1　MATLAB 操作界面

1. 主页工具栏

主页工具栏有若干个功能模块，包括文件的新建、打开、查找等，数据的导入、保存工作区、新建变量等，代码分析、程序运行、命令清除等，窗口布局，预设 MATLAB 部分工作环境、设置当前工作路径，系统帮助，附加功能等。

2. 命令行窗口

命令行窗口是 MATLAB 的主要交互窗口。在该窗口内，可键入各种需要 MATLAB 运行的指令、函数、表达式，并可显示除图形外的所有运算结果。当运行出现错误时，该窗口中会给出相关的出错提示。

3. 当前目录窗口

当前目录窗口中，展示了子目录、M 文件、MAT 文件、MDL 文件等。在 MATLAB 中，可直接对该窗口中的 M 文件进行复制、编辑和运行操作。该窗口中的 MAT 文件可直接送入 MATLAB 工作内存。对当前目录窗口中的子目录，也可进行 Windows 平台的各种标准操作。此外，在该窗口的正下方还有一个文件概况窗口。在当前目录窗口选中文件后，文件概况窗口会显示所选文件的概况信息。

4. 工作区窗口

工作区窗口是存储各种变量和结果的内存空间。该窗口显示 MATLAB 工作空间中所有的变量名以及它们的维度大小、占用字节数。在工作区窗口中可对变量进行观察、图示、编辑、提取和保存操作。

5. 历史命令窗口

历史命令窗口记录着用户每一次开启 MATLAB 的时间，以及每一次开启 MATLAB 后在命令行窗口中运行过的所有指令、函数、表达式。所有的命令记录都允许复制、重运行及用于产生 M 文件，从而减少重新输入工作。选中历史命令窗口中的任一命令记录，单击鼠标右键，可根据菜单进行相应操作。

1.2.2 MATLAB 的帮助系统

MATLAB 提供的命令和函数很多，在学习 MATLAB 的过程中，不可避免地要遇到一些不会使用的命令和函数，这时可以通过 MATLAB 提供的帮助系统来了解函数的使用方法。下面介绍 MATLAB 的帮助系统。

1. 查看命令或函数帮助

当已知命令或函数名，想了解该命令或函数的具体使用方法时，可以在命令行窗口中输入 help(帮助)命令，其格式为“help 命令/函数名”。例如，如果想了解 sin 函数的使用方法，则可在命令行窗口中输入命令：

```
>> help sin
```

MATLAB 执行后，命令行窗口显示的结果如图 1.2 所示。

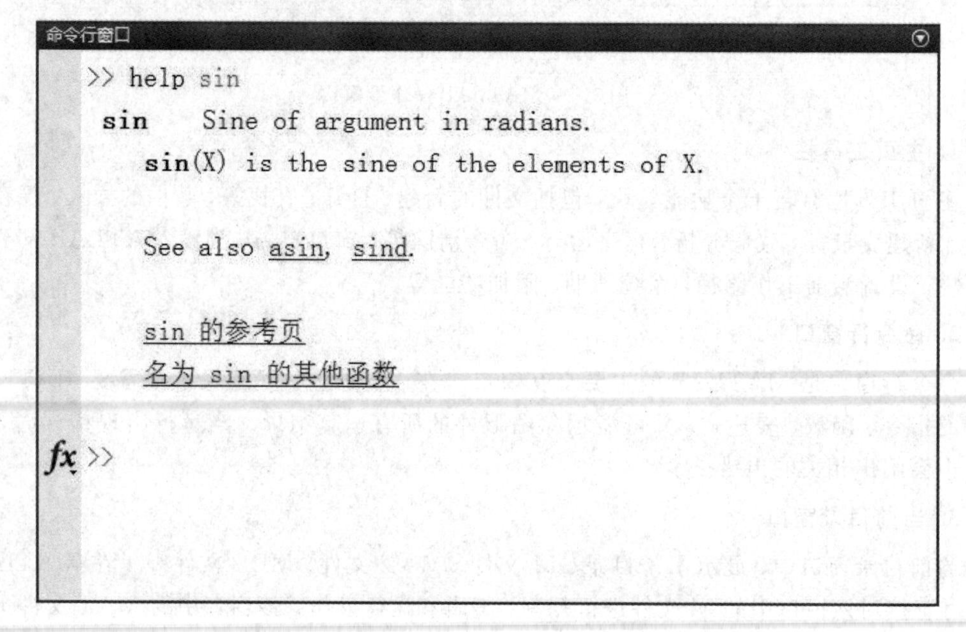

图 1.2　sin 函数帮助

在 sin 函数的帮助信息中，首先介绍了 sin 函数的定义和功能，接着给出了与 sin 函数相关的其他函数名称，用户可以利用 help 命令查询这些相关函数，最后两行给出了 sin 函数帮助信息的相关文档链接，打开链接可以更加详细地了解 sin 函数的有关介绍。

其他命令或函数的帮助信息查询方法与 sin 函数类似，只要 MATLAB 带有用户所查询的命令或函数，MATLAB 都会给出相应的帮助信息，内容显示格式与 sin 函数的帮助信息格式类似。因此，学会使用 help 命令是掌握 MATLAB 命令和函数使用方法的必备技能。

2. 联机帮助系统

当知道相关的命令或函数名时，可以使用 help 命令。但是，当对需要使用的相关命令或函数不甚了解，甚至不知道需要用到的命令或函数在 MATLAB 中的名称时，就要用到 MATLAB 的联机帮助系统。

在 MATLAB 主页面单击工具栏中的"?"图标就可以启动 MATLAB 的联机帮助系统，如图 1.3 所示。

图 1.3 MATLAB 联机帮助系统

假设要对某个数求正弦值，但不知道 MATLAB 中相应的函数名，则可单击搜索框，输入 sin，回车后 MATLAB 会列出所有包含 sin 字符串的函数名，其中第一条正是要查询的 sin 函数，单击该条后内容显示窗口就会显示有关 sin 函数的说明及使用 sin 函数的例子。

熟练掌握和使用 MATLAB 联机帮助系统，可以显著降低 MATLAB 的使用难度。

3. PDF 文件帮助系统

为了方便用户打印，MATLAB 还提供了 PDF 格式的帮助文档，它们位于安装文件夹 help\pdf_doc 目录下。

4. MATLAB 网络资源

MATLAB 的官方网站为 http://www.mathworks.com。网站上提供了大量的 MATLAB 相关资料及源代码，读者可充分利用它们来解决自己学习及科研时遇到的问题。

1.3 通信系统仿真

通信系统是完成信息传输过程所涉及系统的总称。现代通信系统主要借助电磁波在自由空间的传播或在导引媒体中的传输来实现，前者称为无线通信系统，后者称为有线通信系统。当电磁波的波长达到光波范围时，相应的通信系统称为光通信系统，其他电磁波范围的通信系统则称为电磁通信系统，简称为电信系统。无线电信系统按其电磁波的波长又分为微波通信系统与短波通信系统，等等。由于人们对通信网络的要求越来越高，使得当今的网络越来越面向大型综合多业务网络方向发展。通信网络在建设的过程中，具有高度复杂性和不确定性，而在网络的规划和建设中，应用计算机仿真技术，可以大规模提高网络建设的经济性，节约建设成本，缩短建设周期。因此，计算机仿真技术对通信领域发展产生了深远影响，已成为一种有效实现通信系统设计的必要手段。

1.3.1 通信仿真的概念

现代的通信系统越来越复杂，对系统中的某一部分做出的任何改变，如改变某个参数的设置或系统结构等，都可能影响整个系统的性能和稳定程度。因此，在对原有的通信系统做出改进或建立一个新系统之前，通常需要对系统进行建模和仿真，通过仿真结果来衡量方案的可行性，从中选择最合理的系统配置和参数设置，然后再将其应用于实际系统中，这个过程就是通信仿真。

仿真已成为深入理解通信系统特性的工具。对于所要研究的系统，仿真可以产生直观的图形，如时域波形、信号频谱、眼图等。当前通信系统的设计几乎都包括一些信号处理新算法和新技术，在设计的前期阶段，仿真为验证这些新算法和新技术提供了途径。

通信系统的仿真往往涉及较多的研究领域，包括通信原理、数字信号处理、概率论、信号检测与估计、随机过程理论、信号与系统理论等。掌握通信原理是通信系统仿真的关键，而数字信号处理是用于开发构成通信系统仿真模型的算法。现代通信系统的许多新技术都涉及算法，如多天线系统中的波束成形算法、信源分离算法等。同时，随机过程理论在通信仿真中也有着重要的应用，如噪声的数学特征、无线信道的模型中都会涉及随机过程理论。

1.3.2 通信仿真的基本方法

从本质上讲，仿真方法是很难系统化的，但除最简单的情况外，所有的仿真问题都要设计一些基本步骤，主要包括以下几个方面：

(1) 将给定问题映射为仿真模型；

(2) 把整个问题分解为一组子问题；

(3) 选择合适的建模、仿真和估计方法，并将其用于解决这些子问题；

(4) 综合各子问题的解决结果以提供对整个问题的解决方案。

对整个无线通信系统进行仿真是一个复杂的问题，往往需要把问题进行分层，不同层次的仿真方法与目的不同。总体来讲，可以把仿真分成四个层次：系统级仿真、子系统级仿真、元件级仿真和电路级仿真。高层次仿真的抽象程度越高，涉及的模型细节越少；低层次的仿真与实际硬件越相近，涉及的硬件细节和参数越多。对于电路级仿真，人们更多地使用硬件原型来进行验证和测试。通常情况下，人们用尽可能高的抽象程度来仿真，因为抽象程度高意味着参数少且仿真高效。

1. 仿真建模

多数无线通信系统可以模型化，仿真模型和分析模型从概念上讲并没有什么区别，但模型复杂度不同。在分析方法中，通常使用简化的、理想的模型，而在仿真中通常采用比较复杂的模型。无论是分析还是仿真，都需要对物理实体进行一定程度的近似处理使其便于表示，同时尽可能采用最精确的模型。人们并不需要建立完美的模型，只需要建立一个符合要求的模型，即模型的近似处理能满足输出的允许误差。

仿真需要分层次，与之对应，建模也需要分层次。高层模型往往很少或不依赖于具体的物理模型。例如：对于滤波器，一个高层模型就是滤波器的传递函数，而不考虑滤波器内部的工作方式；而一个低层模型则是电路模型，包括多个部件，将其应用于基尔霍夫定律，可用不同的微分方程代表每个部件。

一般地，可以把建模结构分成三类：系统建模、设备建模和随机过程建模。描述一个通信系统(主要指通信链路)建模的最高形式，就是用子系统框图表示出来。系统模型是一种拓扑结构，其仿真方框图与真实系统越接近，整个系统的精确性就越高。但从计算效率角度来看，尽可能采用高层模型。因此，通常是对简化了的模型图进行仿真。

2. 系统性能评估

仿真的主要目的之一是进行系统性能评估。对于模拟通信系统，主要性能指标是输出信噪比；而对于数字通信系统则是误比特率和误码率。误比特率又称为误信率，是指错误接收的比特数在传送总比特数中所占的比例。误码率又称为误符号率，是指错误接收的符号(码元)数在传送总符号数中所占的比率。信噪比也是数字通信系统中的一个重要性能指标。

符号或比特差错概率也是描述系统错误率的一个指标，符号差错概率可以定义为

$$P_e=\lim_{N\to\infty}\frac{N_e}{N} \tag{1.1}$$

其中，N 表示传输总符号数，N_e 表示错误接收符号数。因为仿真能处理的符号数目有限，故只能对符号差错概率做近似计算，一般使用蒙特卡罗方法，即考虑 N 个符号通过系统，计算发生差错的个数。如果通过系统的 N 个比特中有 N_e 个差错，则符号差错计算概率估计为

$$\hat{P}_e = \lim_{N \to \infty} \frac{N_e}{N} \tag{1.2}$$

一般情况下，蒙特卡罗估计是无偏估计，N 越小，估计的方差就越大；N 越大，估计的方差就越小。若 $N \to \infty$，则估计值收敛于真实值。

3. 通信仿真软件

系统建模完成之后，下一步就可以通过仿真软件将模型转换成程序并且执行程序。最简单的方法是采用C语言等编程工具直接编写仿真程序，这种方法的优点是效率高，缺点是不够灵活，没有一个易于实现的人机交互界面，不便于对仿真结果进行分析。为此，人们已经开发了多种软件包来仿真无线通信系统，包括波形级仿真和网络层仿真，这些软件包得到了广泛的应用。比较常用的仿真软件包括 MATLAB、OPNET、NS2 等。这些软件的特点各不相同，适用于不同层次的无线通信仿真。物理层仿真通常使用 MATLAB，而网络层仿真则采用 OPNET、NS2。本书主要介绍 MATLAB 在无线电信号处理领域的应用。

本章小结

本章主要介绍了 MATLAB 软件和无线通信仿真的一些基础知识。首先简单介绍了 MATLAB 仿真软件的起源以及特点，然后概述了 MATLAB 基本操作以及帮助系统的使用方法，最后阐述了无线通信系统仿真的概念和方法。本章内容为后文奠定了理论基础。

第 2 章　MATLAB 基础

MATLAB 是一种具有强大功能的数学软件，其优势在于简单易用，具有高效的数值计算功能、完备的图形处理功能、齐全且易扩展的工具箱，为此深受广大科研工作者的欢迎。本章将对 MATLAB 的基本语法、简单运算和基础绘图命令进行介绍。

2.1　MATLAB 基本语法与运算

2.1.1　变量与赋值

为了简化编程，MATLAB 中的变量不需要事先声明类型，所有的变量均保存成 double 形式，即双精度(64 位)二进制，省去了多种数据格式。

MATLAB 中的变量命名以字母开头，后接字母、数字或下划线组成的字符序列，区分字母的大小写，且最多 63 个字符。

1. 赋值语句

MATLAB 中赋值语句的一般形式为

```
变量 = 表达式
```

习惯上用小写字母表示标量和向量，用大写字母表示矩阵。

【例 2.1】　变量的赋值。

① 标量的赋值。

输入：

```
a = 5
```

输出：

```
a =
     5
```

② 向量的赋值。向量是由多个标量组成的一个 n 元数组，各元素之间需要用空格或逗号“,”隔开。

输入：

```
a = [1, 2, 3, 4]
```

输出：

```
a =
     1     2     3     4
```

③ 矩阵的赋值。矩阵同一行中各元素之间用空格或逗号“,”隔开，行与行之间用分号“;”或回车隔开。

输入：

```
A = [1, 2, 3; 4, 5, 6]
```

输出：

```
A =
    1    2    3
    4    5    6
```

MATLAB 中矩阵按列存储，即上述矩阵在 MATLAB 中的存储形式为“1，4，2，5，3，6”。

2. 预定义变量和常数

MATLAB 内部有很多预定义的变量和常数，用以表达特殊含义。常用的有如下几种：

变量 ans：没有给定变量值，系统默认采用 ans。

常数 eps：表示浮点相对精度，其值是从 1.0 到下一个最大浮点数之间的差值。该变量值作为一些 MATLAB 函数计算的相对浮点精度，按 IEEE 标准，eps 近似为 2.2204e－016。

常数 pi：表示圆周率 π。

i，j：表示复数虚部单位，相当于 $\sqrt{-1}$。

2.1.2 程序控制语句

1. 判断语句 if

if 语句通过判断逻辑表达式的值实现分支算法。若表达式的逻辑值为真，则执行后面语句块中包含的指令，否则跳过该语句块。if 语句的基本语法为

```
if 表达式 1
    命令 1
elseif 表达式 2
    命令 2
else
    命令 3
end
```

【例 2.2】 令 a = 4，b = 6，比较 a 和 b 的大小。

输入：

```
a = 4;
b = 6;
if a>b
    'a 大于 b'
elseif a==b
    'a 等于 b'
else
    'a 小于 b'
end
```

输出：

```
ans =
a 小于 b
```

2. 分支语句 switch 和 case

switch 语句是多分支选择语句，有些情况可以用 if 语句等效代替，但对于多层嵌套的情况，使用 switch 语句更清晰，更容易表达。switch 语句的基本语法为

```
switch 变量/表达式
    case 值 1
        命令 1
    case 值 2
        命令 2
        ⋮
    otherwise
        命令 n
end
```

switch 语句首先判断变量或表达式的值，如果等于值 1，则执行命令 1；等于值 2，则执行命令 2；如果与 case 后面的值都不相等，则执行 otherwise 后面的命令 n。

【例 2.3】 求 5 模 3 的余数。

输入：

```
a = 5;
b = mod(5, 3);
switch b
    case 0
        '模 3 为 0'
    case 1
        '模 3 为 1'
    case 2
        '模 3 为 2'
    otherwise
        '不可能'
end
```

输出：

```
ans =
模 3 为 2
```

3. 循环语句 for

for 循环将循环体中的语句循环执行指定次数。for 语句的基本语法为

```
for n = 循环初始值：循环步长：循环结束值
    可执行语句
end
```

其中，n 代表循环变量。在循环步长为 1 的情况下，可以简写为 n = 循环初始值：循环结束值。for 语句可以循环嵌套，在一对 for-end 之间可以嵌套其他的 for-end 语句。

【例 2.4】 求 1 到 10 的所有数字之和。

输入：

```
a = 0;
```

```
for i = 1:10
    a = a+i;
end
a
```

输出：

```
a =
    55
```

4. 循环语句 while

while 循环将循环体中的语句循环执行不定次数。while 语句的基本语法为

```
while 条件
    语句
end
```

其中，条件一般是由逻辑运算、关系运算及一般运算组成。通过判断条件是否为真，决定循环的进行和停止。若条件为真，则继续执行循环体中的语句；若条件不为真，则跳出循环体向下进行。

【例 2.5】 求 while 语句的循环次数。

输入：

```
num = 0;
a = 5;
while a>1
    a = a/2;
    num = num+1;
end
```

输出：

```
num =
    3
```

当“a>1”不为真时，跳出循环体，共进行了三次循环。

5. 跳出循环语句

在循环语句的执行过程中，需要中断循环时可以使用 break 语句和 continue 语句。break 语句执行后，终止循环，执行循环体后的语句，即直接跳出循环。而 continue 语句则是终止本次循环，在本次循环中，continue 语句后的循环语句不再执行，而是直接执行下一次循环。break 语句与 continue 语句经常与 if 语句联合使用。

【例 2.6】 使用 continue 语句终止循环。

输入：

```
n = 0;
while n<10
    n = n+1;
    if n == 5
        continue
    end
```

```
        r(n) = n;
    end
    r
```

输出：

```
    r =
        1    2    3    4    0    6    7    8    9    10
```

【例2.7】 使用break语句终止循环。

输入：

```
    n = 0;
    while n<10
        n = n+1;
        if n == 5
            break
        end
        r(n) = n;
    end
    r
```

输出：

```
    r =
        1    2    3    4
```

从执行结果可以看到：例2.6循环体中赋值语句“r(n)=n”执行了9次，因为当n=5时，“continue”语句跳过本次循环的后续命令并执行下一次循环，此时向量“r”中第五个元素并没有被赋值，默认为零值；而例2.7循环体中赋值语句“r(n)=n”执行了4次，因为当n=5时，“break”语句直接跳出循环体。

2.1.3　矩阵运算

矩阵是MATLAB数据存储的基本单元，而矩阵运算是MATLAB语言的核心，在MATLAB语言系统中几乎一切运算都是以对矩阵的操作为基础的。MATLAB强大的矩阵运算和数据处理功能可以大大降低科研和工程中的运算难度。

矩阵运算有基本运算和函数运算两种类型。基本运算包括矩阵的加、减、乘、除、转置、平方等运算，其主要特点是通过MATLAB提供的基本运算符即可完成。函数运算主要是通过MATLAB系统内置的运算函数求取矩阵的秩、特征值和特征向量、广义逆矩阵等。

1. 向量运算

向量可以看做是一种特殊的行数为1的矩阵。下面以向量 ***a*** 为例来讲解矩阵的基本运算。

将向量 ***a*** 中的每个元素加2，并用向量 ***b*** 表示。

输入：

```
    a = [1, 2, 3, 4, 5]
    b = a+2
```

输出：

```
a =
    1    2    3    4    5
b =
    3    4    5    6    7
```

两个向量可以进行加减运算，但进行加减运算时，要求两个向量必须具有相同的维数。

输入：

```
c = a+b
d = a-b
```

输出：

```
c =
    4    6    8    10    12
d =
    -2    -2    -2    -2    -2
```

向量与常数的积运算表示向量的数乘。

输入：

```
e = 2*a
```

输出：

```
e =
    2    4    6    8    10
```

两个向量的点积运算表示两个向量对应位置的元素相乘。两个矩阵的 Hadamard 积在 MATLAB 中可以通过点积来实现。

输入：

```
f = a.*b
```

输出：

```
f =
    3    8    15    24    35
```

两个向量的点除运算表示两个向量对应位置的元素相除。

输入：

```
g = a./b
```

输出：

```
g =
    0.3333    0.5000    0.6000    0.6667    0.7143
```

向量的点乘方运算表示对矩阵中的每个元素取平方。

输入：

```
h = a.^2
```

输出：

```
h =
    1    4    9    16    25
```

向量的共轭转置通过 a′实现。当向量中元素为实数时，向量的转置与共轭转置相同；

当向量中元素为复数时，共轭转置是将每个元素先共轭再转置。

【例 2.8】 求向量 ***a*** 和 ***b*** 的转置。

输入：

```
a = [1, 2, 3, 4, 5]
b = rand(1, 3)+i * rand(1, 3)
m = a'
n = b'
```

输出：

```
a =
    1    2    3    4    5
b =
    0.2785 + 0.9649i    0.5469 + 0.1576i    0.9575 + 0.9706i
m =
    1
    2
    3
    4
    5
n =
    0.2785 - 0.9649i
    0.5469 - 0.1576i
    0.9575 - 0.9706i
```

2. 矩阵运算

MATLAB 中关于矩阵运算的常用函数如表 2.1 所示。

本小节，仅对矩阵的逆、广义逆、特征值分解和奇异值分解的求法做简单讲解，详细讲解参见第 3 章矩阵的运算及 MATLAB 实现。

表 2.1　关于矩阵运算的常用函数

函　数	功　　能
size	矩阵的尺寸
inv	矩阵的逆
pinv	矩阵的广义逆
rank	矩阵的秩
det	矩阵的行列式
eig	矩阵的特征值分解
svd	矩阵的奇异值分解
norm	矩阵的范数
trace	矩阵的迹

【例 2.9】 已知矩阵 ***A***，求其尺寸。

输入：

```
A = [1, 2; 3, 4; 5, 6]
[m, n] = size(A)
```

输出：

```
A =
    1    2
    3    4
    5    6
m =
    3
n =
    2
```

3. 矩阵的逆

在讨论如何求取矩阵的逆之前，需要先引入一个概念：非奇异矩阵。若一个 $n \times n$ 的矩阵具有 n 个线性无关的行向量和 n 个线性无关的列向量，则该矩阵称为非奇异矩阵。即非奇异矩阵必须是一个满秩的方阵。如果一个矩阵是非奇异的，那么它必定存在逆矩阵。反之，奇异矩阵肯定不存在逆矩阵。

因此，当矩阵 $\boldsymbol{A}$ 非奇异时，可以求得 $\boldsymbol{A}$ 的逆矩阵。逆矩阵的定义是：若一个 $n \times n$ 的矩阵 $\boldsymbol{B}$ 满足 $\boldsymbol{BA}=\boldsymbol{AB}=\boldsymbol{I}$，则称矩阵 $\boldsymbol{B}$ 是矩阵 $\boldsymbol{A}$ 的逆矩阵，记为 $\boldsymbol{A}^{-1}$。其中，$\boldsymbol{I}$ 表示 $n \times n$ 的单位矩阵。

【例 2.10】 求非奇异矩阵 $\boldsymbol{A}$ 的逆矩阵。

输入：

```
A = [1, 2; 3, 4]
B = inv(A)
```

输出：

```
A =
    1    2
    3    4
B =
   -2.0000    1.0000
    1.5000   -0.5000
```

由定义 $\boldsymbol{AA}^{-1}=\boldsymbol{I}$ 可知，A * inv(A)为单位矩阵。用 MATLAB 验证如下：

输入：

```
C = A * inv(A)
```

输出：

```
C =
    1.0000         0
    0.0000    1.0000
```

在 MATLAB 中 $\boldsymbol{A}^{-1}\boldsymbol{B}$ 可以表示为 inv(A) * B 或者 A\B。类似地，$\boldsymbol{AB}^{-1}$ 可以表示为 A * inv(B)或者 A/B。

【例 2.11】 已知矩阵 $\boldsymbol{A}$ 和 $\boldsymbol{B}$，求 $\boldsymbol{A}^{-1}\boldsymbol{B}$。

输入：

```
A = [1, 2; 3, 4];
B = [5, 6; 7, 8];
C = inv(A) * B
D = A\B
```

输出：

```
C =
   -3.0000   -4.0000
    4.0000    5.0000
D =
   -3    -4
    4     5
```

4. 矩阵的广义逆

非奇异矩阵有逆矩阵，奇异矩阵不存在逆矩阵。若将方阵的逆矩阵推广到非方阵或奇异的方阵，则可以得到广义逆矩阵。

若矩阵 $\boldsymbol{X}$ 满足条件 $\boldsymbol{AXA}=\boldsymbol{A}$，则称矩阵 $\boldsymbol{X}$ 为 $\boldsymbol{A}$ 的广义逆矩阵。当 $\boldsymbol{A}$ 为非奇异矩阵时，$\boldsymbol{A}^{-1}$ 也满足 $\boldsymbol{AA}^{-1}\boldsymbol{A}=\boldsymbol{A}$，因此非奇异矩阵的广义逆矩阵就是它的逆矩阵，广义逆矩阵是逆矩阵概念的推广。

在这里，我们引入一个新的概念：左逆矩阵和右逆矩阵。满足 $\boldsymbol{LA}=\boldsymbol{I}$，但不满足 $\boldsymbol{AL}=\boldsymbol{I}$ 的矩阵 $\boldsymbol{L}$ 称为矩阵 $\boldsymbol{A}$ 的左逆矩阵。同理，满足 $\boldsymbol{AR}=\boldsymbol{I}$，但不满足 $\boldsymbol{RA}=\boldsymbol{I}$ 的矩阵 $\boldsymbol{R}$ 称为矩阵 $\boldsymbol{A}$ 的右逆矩阵。由广义逆的定义可知，左逆矩阵和右逆矩阵都属于广义逆矩阵。本书中，只讲解矩阵的左广义逆的求取。

对于 $m\times n$ 的矩阵 $\boldsymbol{A}$，仅当 $m\geqslant n$ 时，$\boldsymbol{A}$ 可能有左逆矩阵。若 $m\times n$ 的矩阵 $\boldsymbol{A}$ 为列满秩，则 $\boldsymbol{A}$ 存在唯一的左逆矩阵。

【例 2.12】 求满秩高矩阵的左逆矩阵。

输入：

```
A = [1, 2; 3, 4; 5, 6]
B = pinv(A)
```

输出：

```
A =
    1    2
    3    4
    5    6
B =
   -1.3333    -0.3333     0.6667
    1.0833     0.3333    -0.4167
```

当矩阵 $\boldsymbol{A}$ 是一个行数大于列数的高矩阵时，利用左广义逆可以求得 $\boldsymbol{Ax}=\boldsymbol{y}$ 的解。方程两边同时左乘矩阵 $\boldsymbol{A}$ 的左广义逆 $\boldsymbol{L}$ 得到

$$\boldsymbol{LAx}=\boldsymbol{Ly} \tag{2.1}$$

$$\boldsymbol{x}=\boldsymbol{Ly} \tag{2.2}$$

此时得到的解 $\boldsymbol{x}$ 是近似解，是对 $\boldsymbol{x}$ 的最小二乘估计。

5. 矩阵的特征值分解

对于 $n\times n$ 的矩阵 $\boldsymbol{A}$，存在标量 λ 和 $n\times 1$ 的向量 $\boldsymbol{x}$，使 $\boldsymbol{Ax}=\lambda\boldsymbol{x}$，则 λ 称为矩阵 $\boldsymbol{A}$ 的特征值，向量 $\boldsymbol{x}$ 称为矩阵 $\boldsymbol{A}$ 的特征向量。

假设 $\boldsymbol{A}$ 为二阶矩阵，$\boldsymbol{A}$ 的特征值为 λ_1 和 λ_2，对应的特征向量分别为 $\boldsymbol{x}_1$ 和 $\boldsymbol{x}_2$。此时有

$$\boldsymbol{Ax}_1=\lambda_1\boldsymbol{x}_1 \tag{2.3}$$

$$\boldsymbol{Ax}_2=\lambda_2\boldsymbol{x}_2 \tag{2.4}$$

将它们合并得到

$$\boldsymbol{A}[\boldsymbol{x}_1 \quad \boldsymbol{x}_2]=[\boldsymbol{x}_1 \quad \boldsymbol{x}_2]\begin{bmatrix}\lambda_1 & 0\\ 0 & \lambda_2\end{bmatrix} \tag{2.5}$$

$$\boldsymbol{A}=[\boldsymbol{x}_1 \quad \boldsymbol{x}_2]\begin{bmatrix}\lambda_1 & 0\\ 0 & \lambda_2\end{bmatrix}[\boldsymbol{x}_1 \quad \boldsymbol{x}_2]^{-1} \tag{2.6}$$

即 $\boldsymbol{A}$ 可以表示为 $\boldsymbol{A}=\boldsymbol{U\Sigma U}^{-1}$ 的形式。其中，矩阵 $\boldsymbol{\Sigma}$ 为 $\boldsymbol{A}$ 的特征值组成的对角矩阵，矩阵 $\boldsymbol{U}$ 为 $\boldsymbol{A}$ 的特征向量组成的矩阵。这个将方阵转化成三个矩阵的乘积的过程称为矩阵 $\boldsymbol{A}$ 的特征值分解(对角化)。特殊地，当矩阵 $\boldsymbol{A}$ 为对称阵时，有 $\boldsymbol{A}=\boldsymbol{U\Sigma U}^{\mathrm{T}}$，此时 $\boldsymbol{U}^{-1}=\boldsymbol{U}^{\mathrm{T}}$。

在 MATLAB 中可以用 eig 函数来求解方阵的特征值和特征向量。若只关注矩阵的特征值，则可以用 e = eig(A)求得由 $\boldsymbol{A}$ 的全部特征值构成的向量 $\boldsymbol{e}$。MATLAB 实现如下：

输入：

```
A = [1, 2; 3, 4];
e = eig(A)
```

输出：

```
e =
    -0.3723
     5.3723
```

若同时关注矩阵的特征值和特征向量，则可以用[V, D] = eig(A)得到特征向量组成的矩阵 $\boldsymbol{V}$ 和特征值构成的对角阵 $\boldsymbol{D}$。MATLAB 实现如下：

输入：

```
[V, D] = eig(A)
```

输出：

```
V =
    -0.8246   -0.4160
     0.5658   -0.9094
D =
    -0.3723         0
          0    5.3723
```

6. 矩阵的奇异值分解

在分析矩阵的奇异值分解之前，首先，需要引入酉矩阵的概念。对于一个非奇异的方阵 $\boldsymbol{U}$，若存在 $\boldsymbol{UU}^{\mathrm{H}}=\boldsymbol{U}^{\mathrm{H}}\boldsymbol{U}=\boldsymbol{I}$，则称该方阵为酉矩阵。其中，$(\cdot)^{\mathrm{H}}$ 表示对括号中的向量或矩阵进行共轭转置操作。由 $\boldsymbol{U}^{-1}\boldsymbol{UU}=\boldsymbol{U}^{-1}\boldsymbol{I}$，得到 $\boldsymbol{U}^{\mathrm{H}}=\boldsymbol{U}^{-1}$，即酉矩阵的共轭转置和它的逆矩阵相等。

当$\boldsymbol{A}$为$m\times n$的矩阵时，也存在与特征值分解类似的分解过程，称之为奇异值分解。

若$m\times n$的矩阵$\boldsymbol{A}$全部元素都属于实数域或复数域，则存在一个分解使得$\boldsymbol{A}=\boldsymbol{U\Sigma V}^{\mathrm{H}}$成立。其中，$\boldsymbol{U}$是$m\times m$的酉矩阵，$\boldsymbol{\Sigma}$是半正定$m\times n$阶对角矩阵，$\boldsymbol{V}^{\mathrm{H}}$是$n\times n$的酉矩阵，这样的分解就称作奇异值分解。其中$\boldsymbol{\Sigma}=\mathrm{diag}(\sigma_1, \sigma_2, \cdots, \sigma_r)$，$\sigma_i>0(i=1, \cdots, r)$，$r=\mathrm{rank}(\boldsymbol{A})$。在MATLAB中rank函数表示求矩阵的秩。此时，σ_i即为矩阵$\boldsymbol{A}$的奇异值。

在MATLAB中可以使用svd函数对矩阵进行奇异值分解。MATLAB代码实现如下。

输入：

```
A = [1, 2, 3; 4, 5, 6]
[U, S, V] = svd(A)
```

输出：

```
A =
      1     2     3
      4     5     6
U =
     -0.3863   -0.9224
     -0.9224    0.3863
S =
     9.5080         0         0
          0    0.7729         0
V =
     -0.4287    0.8060    0.4082
     -0.5663    0.1124   -0.8165
     -0.7039   -0.5812    0.4082
```

特殊地，当$\boldsymbol{A}$为对称的方阵时，可以写成$\boldsymbol{A}=\boldsymbol{BB}^{\mathrm{H}}$。对其中的矩阵$\boldsymbol{B}$进行奇异值分解，得到$\boldsymbol{B}=\boldsymbol{U\Sigma V}^{\mathrm{H}}$，则有

$$\boldsymbol{A}=\boldsymbol{U\Sigma V}^{\mathrm{H}}(\boldsymbol{U\Sigma V}^{\mathrm{H}})^{\mathrm{H}}=\boldsymbol{U\Sigma}^2\boldsymbol{U}^{\mathrm{H}} \tag{2.7}$$

其中，$\boldsymbol{\Sigma}^2$为对角矩阵，酉矩阵$\boldsymbol{U}^{\mathrm{H}}=\boldsymbol{U}^{-1}$。

因此，对比对称方阵的特征值分解表示式，式(2.7)也可以理解为$\boldsymbol{A}$的特征值分解，$\boldsymbol{U}$是由$\boldsymbol{A}$的特征向量组成的矩阵，$\boldsymbol{\Sigma}^2$是由$\boldsymbol{A}$的特征值组成的对角矩阵。因此，矩阵$\boldsymbol{A}$的特征值等于矩阵$\boldsymbol{B}$奇异值的平方，用MATLAB验证如下：

输入：

```
B = rand(3);
A = B * B';
[U, S, V] = svd(B);
[V1, D1] = eig(A);
C = S * S
D = D1
```

输出：

```
C =
     4.3338         0         0
          0    0.3257         0
```

```
          0         0    0.0672
D =
     0.0672         0         0
          0    0.3257         0
          0         0    4.3338
```

2.1.4 函数编写

MATLAB中的程序文件分为两种：脚本文件和函数文件。函数文件的第一行以"function"开头，MATLAB自带的许多函数或指令都由相应的函数文件定义。函数文件好像一个黑箱，将数据送进去，经过函数处理，然后将结果数据输出。

函数文件有以下特点：文件名必须和函数名相同，不能与MATLAB中已定义的系统函数和其他的自定义函数同名；函数名和函数的输入/输出变量在第一行定义；函数文件内部定义的变量仅在该函数文件内有效，是局部变量，函数返回后这些变量将被自动清除。

函数文件的首行，以关键字function开头，定义了函数名及函数的输入/输出变量。格式为

function [输出形参表] = 函数名(输入形参表)

【例 2.13】 编写M函数文件stat.m求向量x的均值和标准差。

输入：

```
function [mean, stdev]=stat(x)              %函数定义行
%求向量的平均值和标准差的 H1 行
%函数帮助文件
%输入参数：x
%输出参数 mean：均值
% stdev：标准差
n = length(x);                              %求向量 x 的长度
mean = sum(x)/n;                            %求取均值
stdev = sqrt(sum((x-mean).^2)/n);           %求取标准差
```

函数stat(x)实现了对向量x的求均值和标准差的运算，并将均值、标准差返回变量mean和stdev中。

2.2 MATLAB简单信号表示

2.2.1 信号的产生与表示

MATLAB中用列向量和行向量表示单通道信号，矩阵表示多通道信号，矩阵中的每一列表示一个通道。

如在MATLAB中输入：

```
x = [4, 3, 7, 9, 1]'
y = [x, 2*x, x/2]
```

输出：

```
x =
    4
    3
    7
    9
    1
y =
    4.0000     8.0000     2.0000
    3.0000     6.0000     1.5000
    7.0000    14.0000     3.5000
    9.0000    18.0000     4.5000
    1.0000     2.0000     0.5000
```

MATLAB约定向量和矩阵的下标从 1 开始，$x(n)$表示向量 $\boldsymbol{x}$ 中的第 n 个元素。如果用户指定信号真实的时间下标，则需要构造一个向量作为时间轴。例如表示离散时间信号 $s(t)=[s(-3), s(-2), s(-1), s(0), s(1), s(2), s(3)]$，就需要定义时间轴向量 $t=[-3, -2, -1, 0, 1, 2, 3]$。

如果要产生具有特定采样频率的信号，则也需要定义时间轴向量。若要产生一个采样频率为 f_s 的离散信号，则应该先计算采样间隔、定义时间轴。

【例 2.14】 利用 MATLAB 画出一个采样频率为 1000 Hz 的正弦信号图像。

输入：

```
fs = 1000;
dt = 1/fs;                          %采样间隔
N = 1024;                           %设定采样点的个数
t = 0:dt:(N-1) * dt;                %设定坐标轴
y = sin(2 * pi * 50 * t);
plot(t(1:50), y(1:50));
```

采样频率为 1000 Hz 的正弦信号如图 2.1 所示。

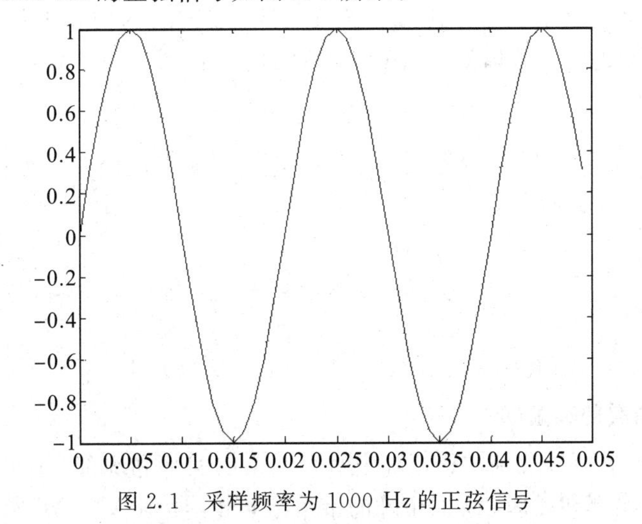

图 2.1　采样频率为 1000 Hz 的正弦信号

2.2.2 常用的信号运算

1. 信号的位移

在信号的左侧添加零，可以实现信号的向右平移。在 MATLAB 中信号的位移表示如下：

输入：

```
a = [1, 2, 3, 4, 5];
b = [zeros(1, 3), a]
```

输出：

```
b =
    0    0    0    1    2    3    4    5
```

2. 信号的翻转

函数 fliplr 可以实现将矩阵围绕垂直轴按左右方向翻转各列的功能。如果 ***a*** 是一个行向量，则 fliplr(a)返回一个长度相同的向量，其元素的顺序颠倒；如果 ***a*** 是一个列向量，则 fliplr(a)返回 ***a*** 本身。MATLAB 实现如下：

输入：

```
c = fliplr(a)
d = fliplr(a')
```

输出：

```
c =
    5    4    3    2    1
d =
    1
    2
    3
    4
    5
```

3. 信号的绝对值

矩阵中每个元素的绝对值可以用 abs 函数求得。abs(***a***)返回 ***a*** 中每个元素的绝对值，若 ***a*** 中含有复数，则返回复数幅值。MATLAB 实现如下：

输入：

```
a = randn(1, 5)
b = abs(a)
```

输出：

```
a =
    -1.3077   -0.4336    0.3426    3.5784    2.7694
b =
     1.3077    0.4336    0.3426    3.5784    2.7694
```

4. 复数信号的实部和虚部

函数 real 和 imag 可以分别求得矩阵中每个元素的实部和虚部。real(***a***)和 imag(***a***)分别返回 ***a*** 中复数的实部和虚部，返回矩阵的维数与 ***a*** 相同。MATLAB 实现如下：

输入：

```
a = rand(1, 4)+i * rand(1, 4)
b = real(a)
c = imag(a)
```

输出：

```
a =
    0.6557 + 0.6787i   0.0357 + 0.7577i   0.8491 + 0.7431i   0.9340 + 0.3922i
b =
    0.6557    0.0357    0.8491    0.9340
c =
    0.6787    0.7577    0.7431    0.3922
```

5. 信号的卷积

函数 conv 可以求得两个向量的卷积。若 ***u*** 和 ***v*** 分别是两个多项式的系数组成的向量，则 conv(***u***，***v***)可以求解它们乘积多项式的系数。

【例 2.15】 求多项式 x^2+1 和 $2x+7$ 的乘积。

输入：

```
u = [1, 0, 1];          %多项式系数组成的向量
v = [2, 7];
w = conv(u, v)          %u 和 v 的卷积等价于将两个多项式相乘
```

输出：

```
w =
    2    7    2    7
```

MATLAB 输出的乘积多项式的系数为[2，7，2，7]，因此乘积多项式为 $2x^3+7x^2+2x+7$。

6. 采样和

函数 sum 可以求得信号中所有元素之和。若 ***x*** 是向量，则 sum(***x***)返回一个所有元素之和的标量；若 ***x*** 是矩阵，则 sum(***x***)返回一个各列元素之和组成的行向量。MATLAB 实现如下：

输入：

```
a = rand(1, 5)
sum(a)
```

输出：

```
a =
    0.1576    0.9706    0.9572    0.4854    0.8003
ans =
    3.3710
```

7. 采样积

和函数 sum 类似，函数 prod 可以求得信号中所有元素之积。若 ***x*** 是向量，则 prod(***x***)返回一个所有元素之积的标量；若 ***x*** 是非空矩阵，则 prod(***x***)返回各列元素之积组成的行向量；若 ***x*** 是空矩阵，则 prod(***x***)返回 1。MATLAB 实现如下：

输入：

```
a = rand(1, 5);
prod(a)
```

输出：

```
ans =
    0.0569
```

8. 信号的能量

离散信号能量计算公式为 $\sum_{n=0}^{N} x(n)x^*(n)$，其中，$x(n)$ 表示向量 $\boldsymbol{x}$ 中的第 n 个元素。MATLAB 中表示为

```
E=sum(x. * conj(x))
```

或

```
E=sum(abs(x).^2)
```

【例 2.16】 利用 MATLAB 求采样频率为 1000 Hz 时正弦信号的能量。

输入：

```
fs = 1000;
dt = 1/fs;
N = 128;
t = 0:dt:(N-1) * dt;
xt = sin(2 * pi * 50 * t);
E = sum(abs(xt).^2)
```

输出：

```
E =
    64.5590
```

9. 信号的功率

离散信号功率计算公式为 $P = \sum_{n=0}^{N-1} |x(n)|^2/N$，MATLAB 中表示为 P = sum(abs(xt).^2)/N。MATLAB 实现如下：

输入：

```
P = sum(abs(xt).^2)/N
```

输出：

```
P =
    0.5044
```

2.3 MATLAB 基础绘图

作为一个功能强大的工具软件，MATLAB 提供了大量的图形函数，具有很强的图形处理和表达功能，既可以绘制二维图形，又可以绘制三维图形，还可以通过标注、视点、颜色、光照等操作对图形进行绘制。

2.3.1 二维图形的绘制

绘制二维图形是其他绘图操作的基础，本节主要介绍直角坐标系下的二维数据曲线图

的绘制。

1. plot 函数

MATLAB中提供了多种二维图形的绘图指令，但其中最基本、最重要的指令是plot。plot函数用于绘制分别以 x 坐标和 y 坐标为横、纵坐标的二维曲线，调用格式为

plot(x, y)

其中，x 和 y 为长度相同的向量，分别存储 x 坐标和 y 坐标的数据，$y(i)$对应的是 $x(i)$点的函数值。

plot函数还可以有多个输入参数，绘出多条曲线，格式为

plot($\boldsymbol{x}1$, $\boldsymbol{y}1$, $\boldsymbol{x}2$, $\boldsymbol{y}2$, …, $\boldsymbol{x}n$, $\boldsymbol{y}n$)

其中，向量 $\boldsymbol{x}1$ 和 $\boldsymbol{y}1$，$\boldsymbol{x}2$ 和 $\boldsymbol{y}2$，…，$\boldsymbol{x}n$ 和 $\boldsymbol{y}n$ 分别组成对应向量对。一组向量对中的两个向量长度必须相同，各组向量对之间的向量长度可以不同。每一组向量对可以在图形窗口中绘出一条曲线，使用该命令可以在同一图形窗口的同一坐标内绘出多条曲线。

【例2.17】 绘出曲线 $y=\cos(x)$在区间 $0\leqslant x\leqslant 2\pi$ 内的图像。

输入：

```
x = 0:pi/100:2 * pi;
y = cos(x);
plot(x, y);
```

曲线 $y=\cos(x)$的二维图形如图2.2所示。

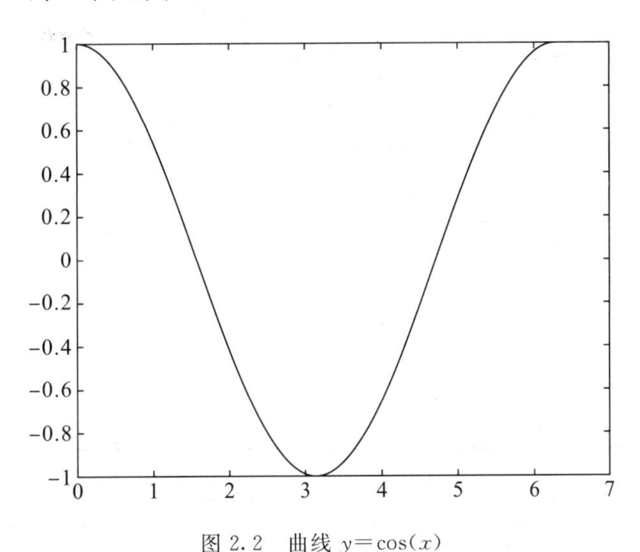

图2.2　曲线 $y=\cos(x)$

【例2.18】 在同一坐标中绘制曲线 $y_1=\cos(x)$和 $y_2=\sin(x)$。

输入：

```
x = 0:pi/100:2 * pi;
y1 = cos(x);
y2 = sin(x);
plot(x, y1, x, y2, '-.');              %绘制图像
legend('cos(x)', 'sin(x)');            %添加图例
```

使用plot函数绘出多条曲线如图2.3所示。

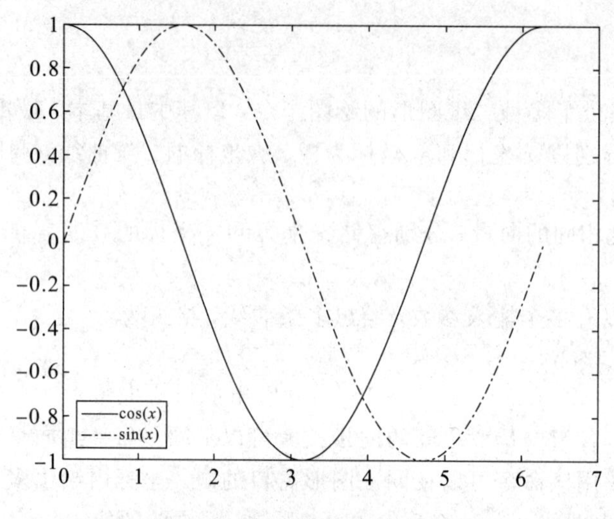

图 2.3　plot 函数绘出多条曲线

由图 2.3 可以看出，图中实线表示曲线 $y_1=\cos(x)$，点画线表示曲线 $y_2=\sin(x)$。

为了更加明显地区分不同的曲线，MATLAB 中提供了一些绘图选项，用于修饰所绘曲线的线性、颜色和数据点标记符号，这些选项分别如表 2.2～表 2.4 所示。

表 2.2　线型选项

选项	线型	选项	线型
—	实线	—.	点画线
:	虚线	——	双画线

表 2.3　颜色选项

选项	颜色	选项	颜色
b	蓝色	m	品红
g	绿色	y	黄色
r	红色	k	黑色
c	青色	w	白色

表 2.4　标记符号选项

选项	标记符号	选项	标记符号
.	点	∨	下三角号
o	空心圆圈	∧	上三角号
x	叉号	<	左三角号
＋	加号	>	右三角号
*	星号	p	五角星符
s	方块符	h	六角星符
d	菱形符		

当绘图选项省略时，MATLAB 规定：线型都用实线，颜色根据曲线的先后顺序依次采用表 2.3 中给出的颜色。线宽等其他格式可以通过 help plot 学习使用。若要设置曲线的线性、颜色和数据点标记符号可以在 plot 命令中添加绘图选项。

其调用格式为

plot($x1$, $y1$, 选项 1, $x2$, $y2$, 选项 2, …, xn, yn, 选项 n)

【例 2.19】 用不同的线型和颜色绘制 $y=e^{-\frac{x}{3}}$ 的图像。

输入：

```
x = 0:pi/8:4 * pi;
y = exp(-x/3). * sin(3 * x);
yb = exp(-x/3);
plot(x, yb, '-k', x, -yb, '-k', x, y, '-.ro', 'linewidth', 2, 'MarkerEdgeColor', 'g',
    'MarkerFaceColor', 'b', 'MarkerSize', 6);        %设置线型和颜色
grid on;
legend('exp(-x/3)', '-exp(-x/3)', 'exp(-x/3). * sin(3 * x)');        %添加图例
```

经过绘图选项修饰后的图形如图 2.4 所示。

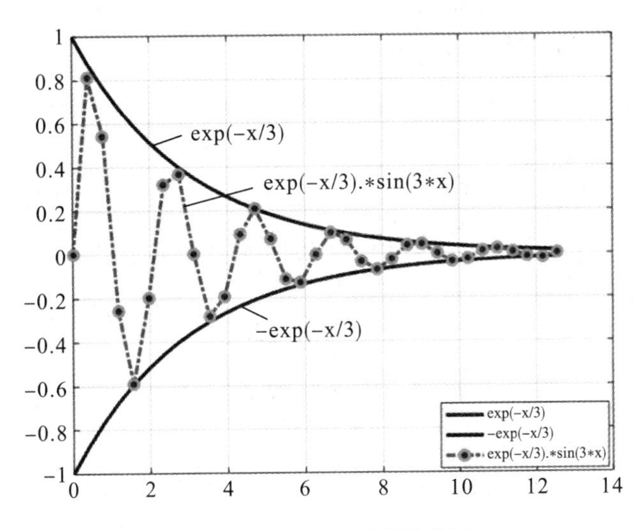

图 2.4　绘图选项的修饰作用

2. 附加命令

xlabel('txt'), ylabel('txt')：表示对横坐标轴名和纵坐标轴名的说明。

title('txt')：用来说明图形的名称。

text(x, y, 'txt')：表示向当前坐标区域中的数据点(x, y)所在的位置添加文字说明。

legend('label1', …, 'labeln')：表示在坐标区为每个绘制的序列添加带有描述性标签的图例。

axis([xmin xmax ymin ymax])：一般 plot 函数会根据所给的坐标点来自动决定图中坐标轴的范围，用户也可以用 axis 命令来设置轴范围和纵横比。其中，xmin 和 xmax 用来指定 x 轴的最小值和最大值，ymin 和 ymax 用来指定 y 轴的最小值和最大值。

hold on：保留当前坐标区中的绘图，使新添加到坐标区的绘图不会删除现有绘图，实现图像的叠绘。

hold off：关闭保留状态，使新添加到坐标区的绘图清除现有绘图并重置所有的坐标区属性。

grid on 和 grid off：分别表示显示和隐藏坐标区网格线。

【例 2.20】 MATLAB演示在同一坐标区内绘出多条曲线。

输入：

```
x = 0:pi/8:4*pi;
y = exp(-x/3).*sin(3*x);
yb = exp(-x/3);
plot(x, yb, '-k');           %绘出第一条曲线
axis([0 4*pi -1 1]);         %调整坐标轴
hold on;
plot(x, -yb, '-k');          %绘出第二条曲线
plot(x, y, ':ro');           %绘出第三条曲线
hold off;
grid on;
legend('exp(-x/3)', '-exp(-x/3)', 'exp(-x/3).*sin(3*x)');      %添加图例
```

在同一坐标区内绘出多条曲线如图 2.5 所示。

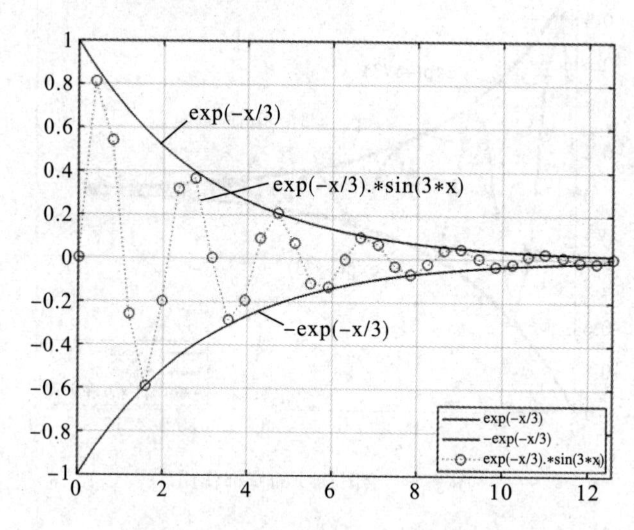

图 2.5　在同一坐标区内绘出多条曲线

【例 2.21】 试用轴名、图例、坐标轴范围等命令修饰图形。

输入：

```
x = 0:pi/20:2*pi;
y1 = sin(x);
y2 = 2*cos(x);
figure(1);
plot(x, y1, x, y2, '-.');
axis([0 2*pi -2 2]);
xlabel('时间');                      %坐标轴标注
ylabel('幅度');
```

```
text(1, 0, '曲线 2cos(x)');          %文本标注
text(2.7, 0, '曲线 sin(x)');
legend('sin(x)', '2cos(x)');         %图例标注
grid on;
```

用附加命令修饰图形如图 2.6 所示。

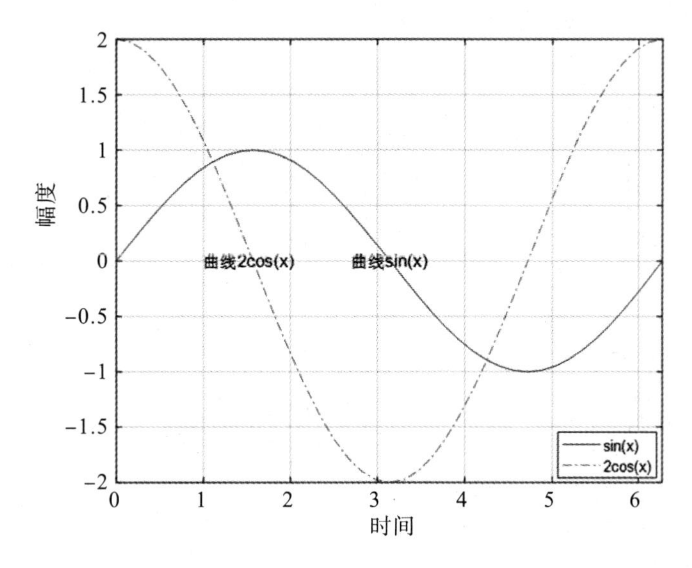

图 2.6　用附加命令修饰图形

3. 图形窗口

在实际应用中，经常需要在一个图形窗口内绘制若干个独立的图形，这就要对图形窗口进行分割。分割后的图形窗口由若干个绘图区组成，每一个绘图区可以建立独立的坐标系并绘制图形。

MATLAB 提供了 subplot 函数，用来将当前图形窗口分割成若干个绘图区。每个区域代表一个独立的子图，也是一个独立的坐标系，不同的区域允许以不同的坐标系单独绘制图形。subplot 函数可以激活某一绘图区，使该区变为活动区，之后发出的绘图命令都作用于该绘图区。subplot 函数的调用格式为

subplot(m, n, p)

该函数将当前窗口分成 $m\times n$ 个绘图区，选取第 p 个区域为活动区。

【例 2.22】 MATLAB 绘图：在同一窗口中同时绘出四个子图。

输入：

```
x = 0:pi/100:4 * pi;          %横轴
subplot(2, 2, 1);             %选取第一个绘图区
plot(x, sin(x));              %绘图
ylabel('sin(x)');             %标注纵坐标
subplot(2, 2, 2);             %选取第二个绘图区
plot(x, cos(x));
ylabel('cos(x)');
subplot(2, 2, 3);
```

```
plot(x, sin(x). * exp(-x/5));
ylabel('sin(x). * exp(-x/5)');
subplot(2, 2, 4);
plot(x, x.^2);
ylabel('x.^2');
```

包含四个子图的图形窗口如图 2.7 所示。

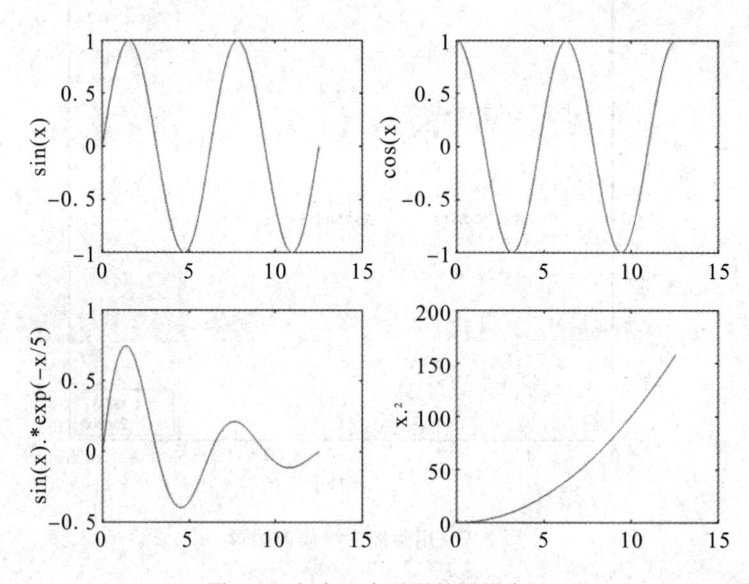

图 2.7 包含四个子图的图形窗口

与分割图形窗口相反，还有一些情形需要建立多个图形窗口，绘制并保持每一个窗口的图形。MATLAB 中提供了 figure 命令来创建新的窗口。每执行一次 figure 命令，就创建一个新的图形窗口，该窗口自动为活动窗口，之后发出的绘图命令都作用于该窗口。

【例 2.23】 用 figure 命令重绘例 2.21 中的曲线。

输入：

```
x = 0:pi/100:4 * pi;
figure(1);              %创建窗口
plot(x, sin(x));        %绘图
ylabel('sin(x)');
figure(2);
plot(x, cos(x));
ylabel('cos(x)');
figure(3);
plot(x, sin(x). * exp(-x/5));
ylabel('sin(x). * exp(-x/5)');
figure(4);
plot(x, x.^2);
ylabel('x.^2');
```

figure 创建新窗口如图 2.8 所示。

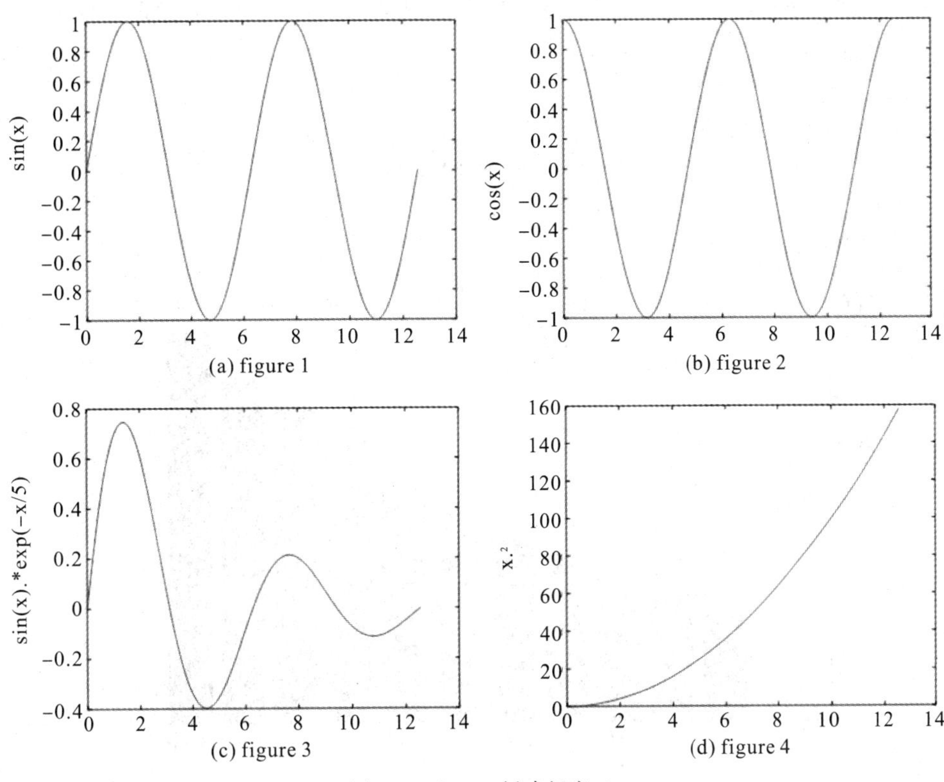

图 2.8　figure 创建新窗口

4. 其他二维图形的绘制

stem(x, y)：火柴杆图，表示在 x 指定的位置绘制离散数据序列 y。x 和 y 输入的必须是大小相同的向量或矩阵。MATLAB 举例如下：

输入：

```
y = linspace(0, 2, 10);
stem(exp(-y), 'fill', '-');
axis([0 11 0 1]);
```

火柴杆图如图 2.9 所示。

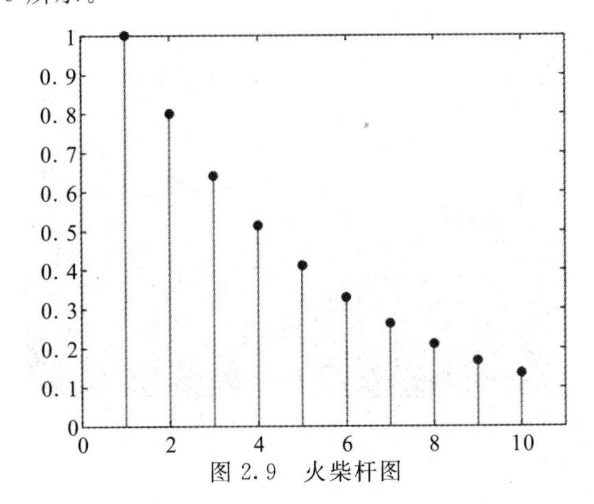

图 2.9　火柴杆图

bar(x，y)：条形图，表示在 x 指定的位置绘制条形，y 中每一个元素对应一个条形。MATLAB举例如下：

输入：

```
x = 1900:10:2000;
y = [75, 91, 105, 123.5, 131, 150, 179, 203, 226, 249, 281.5];
bar(x, y);
```

条形图如图 2.10 所示。

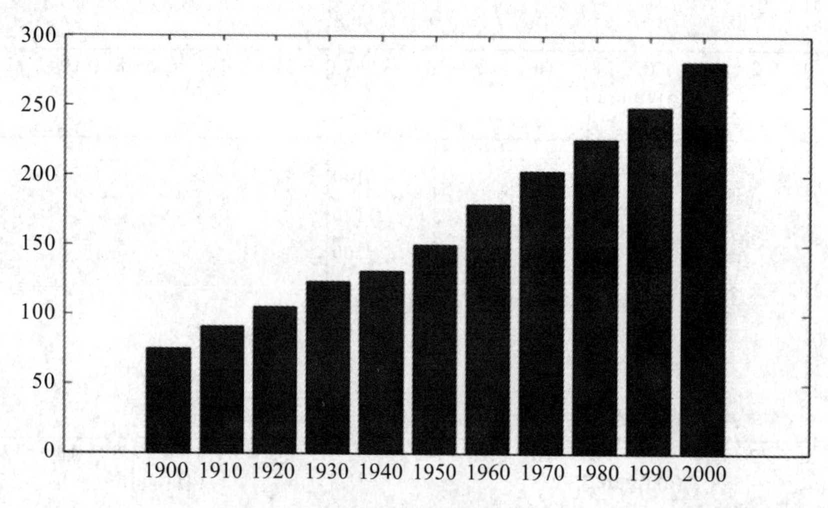

图 2.10 条形图

area(x，y)：面积图，表示在 x 的指定位置将 y 中的元素绘成一条或多条二维曲线并填充每条曲线下方的区域。MATLAB举例如下：

输入：

```
x = 3:1:6;
y = [1, 5, 3;3, 2, 7;1, 5, 3;2, 6, 1];
area(x, y);
```

面积图如图 2.11 所示。

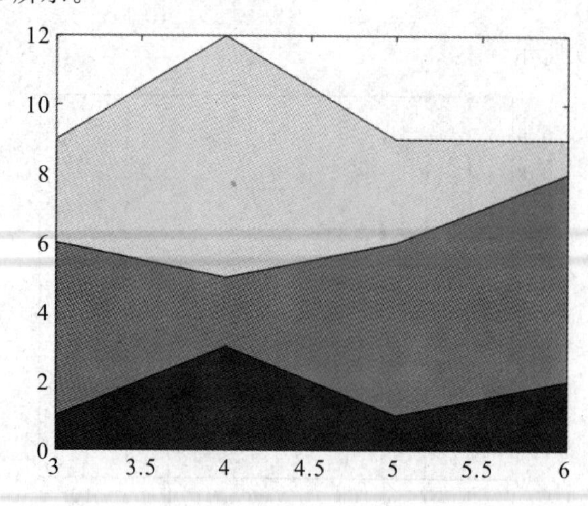

图 2.11 面积图

pie(x)：饼图，表示使用 x 中的数据绘制饼图，饼图的每个扇区代表 x 中的一个元素。若 sum(x)=1，则 x 中的值直接指定饼图扇区的面积；若 sum(x)<1，则 pie 函数仅绘制部分饼图；若 sum(x)>1，则 pie 函数需要先对 x 中的元素进行归一化，以确定饼图的每个扇区的面积。MATLAB 举例如下：

输入：

```
x = [1, 3, 0.5, 2.5, 2];
pie(x);
```

饼图如图 2.12 所示。

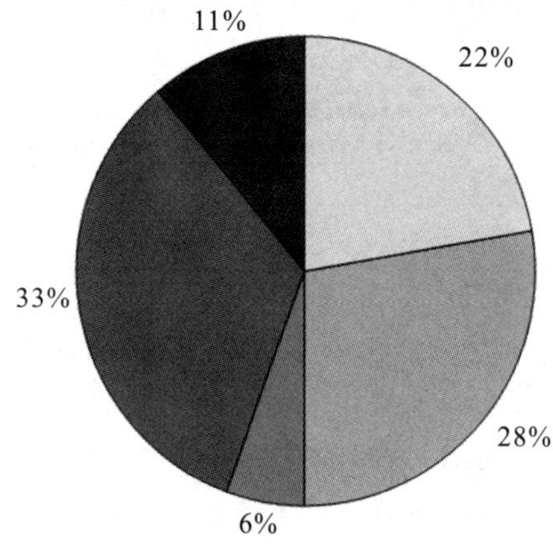

图 2.12　饼图

polar(theta, rho)：极坐标图，表示在极坐标中绘制线条。theta 表示弧度角，rho 表示每个点的半径值，theta 和 rho 的维数必须相等。MATLAB 举例如下：

输入：

```
t = 0:0.01:2 * pi;
r = 2 * sin(2 * (t-pi/8)). * cos(2 * (t-pi/8));
polar(t, r);
```

极坐标图如图 2.13 所示。

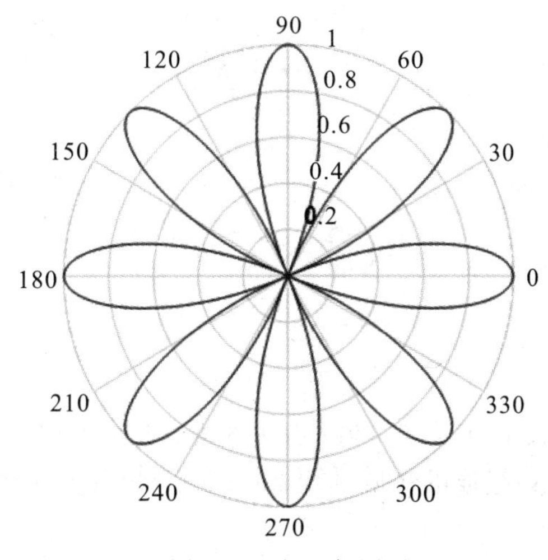

图 2.13　极坐标图

2.3.2 三维图形的绘制

2.3.1小节详细介绍了二维图形的绘制，在二维图形的基础上MATLAB还可以进行三维图形的绘制，本节将简要介绍三维图形的绘制方式。

1. 三维线图

MATLAB中提供了plot3函数以实现三维线图的绘制。plot3函数表示为

plot3(x, y, z)

其中，x、y、z都是与参数t有关的尺寸相同的向量或矩阵。plot3函数可以在三维空间中绘制一条或多条曲线，这些曲线穿过坐标为(x, y, z)的点。

【例2.24】 根据方程组$x=vt\sin\alpha\cos\omega t$，$y=vt\sin\alpha\sin\omega t$，$z=vt\cos\alpha$，$\alpha=\pi/6$，$\omega=\pi/6$绘出圆锥螺旋线图像。

输入：

```
v = 20;
alpha = pi/6;
omega = pi/6;
t = [0:0.01 * pi:50 * pi];
x = v * t * sin(alpha). * cos(omega * t);
y = v * t * sin(alpha). * sin(omega * t);
z = v * t * cos(alpha);
plot3(x, y, z);
grid on;
```

三维线图如图2.14所示。

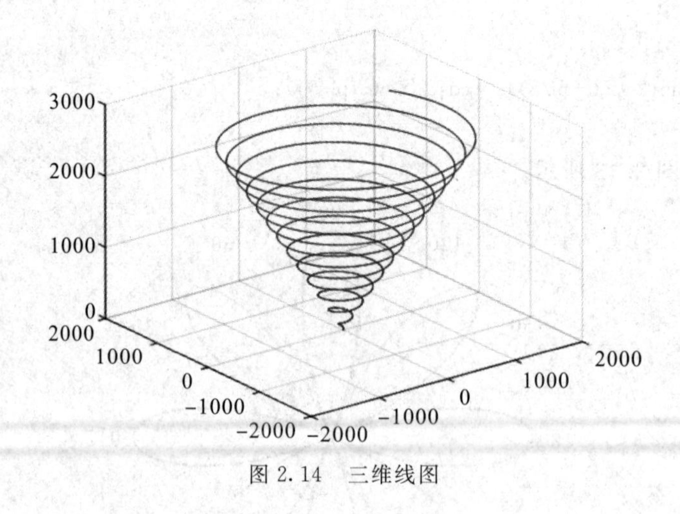

图2.14 三维线图

2. 网格图

区别于三维线图中$\boldsymbol{x}$、$\boldsymbol{y}$、$\boldsymbol{z}$是与参数t有关的维数相同的向量或矩阵，网格图中的z是以$\boldsymbol{x}$和$\boldsymbol{y}$为变量的$\boldsymbol{z}(\boldsymbol{x}, \boldsymbol{y})$组成的矩阵。用mesh函数绘制网格图，实际上就是根据坐标($\boldsymbol{x}$, $\boldsymbol{y}$)来绘出$\boldsymbol{z}(\boldsymbol{x}, \boldsymbol{y})$的值。mesh函数表示为

mesh($\boldsymbol{x}$, $\boldsymbol{y}$, $\boldsymbol{z}$)

其中，$\boldsymbol{x}$、$\boldsymbol{y}$、$\boldsymbol{z}$ 是维数相同的向量或矩阵。

【例 2.25】 利用 MATLAB 绘制函数 $z=x\mathrm{e}^{-x^2-y^2}$ 的三维网格图。

输入：

```
xa = -2:0.1:2;
ya = xa;
[x, y] = meshgrid(xa, ya);
z = x.*exp(-x.^2-y.^2);
mesh(x, y, z);
```

网格图如图 2.15 所示。

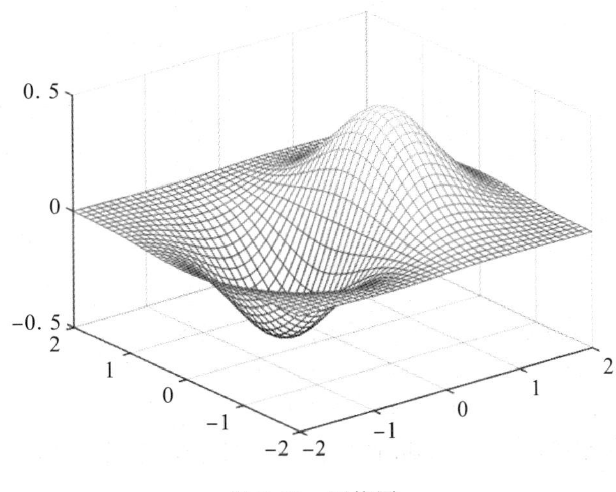

图 2.15　网格图

2.4　无线电信号处理中的重要函数

1. rand 函数

rand 函数可以产生在区间[0, 1]内均匀分布的随机数。命令 rand(n)返回一个 $n\times n$ 的随机数矩阵，rand(m, n)则返回一个 $m\times n$ 的随机数矩阵，MATLAB 实现如下：

输入：

```
A = rand(3)
```

输出：

```
A =
    0.8147    0.9134    0.2785
    0.9058    0.6324    0.5469
    0.1270    0.0975    0.9575
```

输入：

```
B = rand(3, 4)
```

输出：

```
B =
    0.9649    0.9572    0.1419    0.7922
```

```
0.1576    0.4854    0.4218    0.9595
0.9706    0.8003    0.9157    0.6557
```

2. randn 函数

randn 函数可以产生正态分布的随机数，在通信仿真中，randn 函数常被用来产生高斯白噪声。同 rand 函数类似，randn(n)返回一个 $n\times n$ 的随机数矩阵，randn(m，n)则返回一个 $m\times n$ 的随机数矩阵，MATLAB 实现如下：

输入：

```
A = randn(3)
```

输出：

```
A =
  -1.2075    0.4889   -0.3034
   0.7172    1.0347    0.2939
   1.6302    0.7269   -0.7873
```

输入：

```
B = randn(3, 4)
```

输出：

```
B =
   0.8884   -0.8095    0.3252   -1.7115
  -1.1471   -2.9443   -0.7549   -0.1022
  -1.0689    1.4384    1.3703   -0.2414
```

用 histogram 直方图函数对 randn 产生的向量进行直方图统计，在 MATLAB 中输入以下指令：

```
histogram(randn(1, 1000), 60)
```

统计直方图如图 2.16 所示。

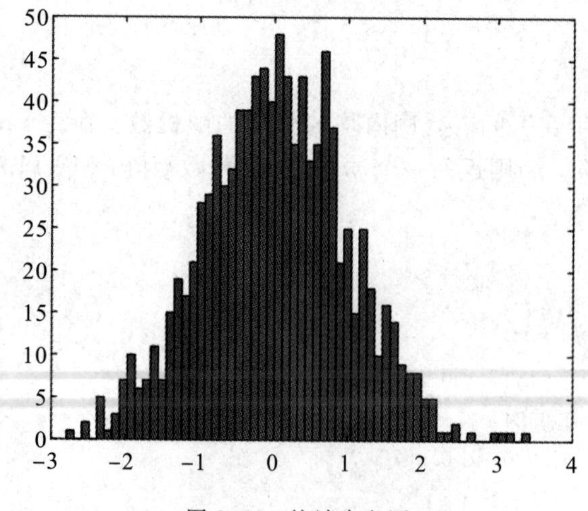

图 2.16 统计直方图

可以看出 randn 函数产生的随机数在 0 点附近较为集中。

【例 2.26】 利用 MATLAB 绘出 $y(t)=s(t)+n(t)$的图像。其中，$s(t)=\sin 2\pi 50t$，$n(t)$为高斯白噪声，SNR＝10 dB。

(提示：由信噪比公式 SNR=10lg(σ_s^2/σ_n^2)，可得 $\sigma_n^2=\sigma_s^2/10^{SNR/10}$)

输入：

```
fs = 400;                                    %采样频率
dt = 1/fs;                                   %时间间隔
snr = 10;
f = 50;
N = 128;
t = 0:dt:(N-1) * dt;                         %设置时间轴
s = sin(2 * pi * f * t);
P_s = s * s'/N;
s = s/sqrt(P_s);                             %产生功率为1的信号
n = randn(1, N);                             %产生高斯随机噪声
P_n = n * n'/N;
n = n/sqrt(P_n);
n = sqrt(10^(-snr/10)) * n;
y = s+n;                                     %产生带噪信号
plot(t, s, 'b', t, y, 'r-.'); grid on;       %绘图
axis([0 0.2 -2 2]);                          %调整坐标轴
legend('原信号', '带噪信号');                %图例标注
```

带噪信号如图2.17所示。

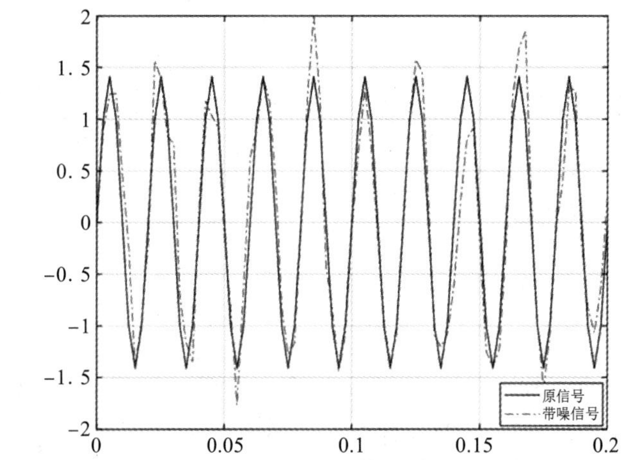

图2.17 带噪信号

3. ceil 函数

ceil(x)表示将 x 的每个元素四舍五入到大于或等于该元素的最接近整数，即向上取整。MATLAB验证如下：

输入：

```
a = randn(1, 5)
b = ceil(a)
```

输出：

```
a =
```

```
    -0.0378    0.4038    0.3053   -1.2431    0.1319
b =
    0    1    1   -1    1
```

4. floor 函数

MATLAB 中也有可以实现向下取整的函数 floor。floor(x)表示将 x 的每个元素四舍五入到小于或等于该元素的最接近整数。MATLAB 验证如下：

输入：

```
a = randn(1, 5)
c = floor(a)
```

输出：

```
a =
    -0.0378    0.4038    0.3053   -1.2431    0.1319
c =
    -1    0    0    -2    0
```

5. round 函数

同样，MATLAB 也提供了既不向上取整也不向下取整，只将元素的小数部分四舍五入为最近整数的函数 round。round(x)表示将 x 的每个元素四舍五入为最近的整数。在有元素的小数部分恰为 0.5 的情况下，round 函数会偏离零，将元素四舍五入到具有更大幅值的整数。MATLAB 实现如下：

输入：

```
a = randn(1, 5)
d = round(a)
```

输出：

```
a =
    -0.0378    0.4038    0.3053   -1.2431    0.1319
d =
    0    0    0    -1    0
```

6. sign 函数

sign 函数即符号函数，sign(x)返回与 x 元素数目相同的向量 y。若 x 中的元素大于 0，则对应 y 中的元素为 1；若 x 中的元素等于 0，则对应 y 中的元素为 0；若 x 中的元素小于 0，则对应 y 中的元素为 −1。MATLAB 实现如下：

输入：

```
a = randn(1, 5)
e = sign(a)
```

输出：

```
a =
    -0.0378    0.4038    0.3053   -1.2431    0.1319
e =
    -1    1    1    -1    1
```

【例 2.27】 利用 MATLAB 生成一个 $P(X=0)=0.3$，$P(X=1)=0.7$ 的 0、1 随机序列。

输入：

```
a = rand(1, 20)
b = (sign(a-0.3+eps)+1)/2
```

输出：

```
a =
Columns 1 through 10
    0.9880    0.0377    0.8852    0.9133    0.7962    0.0987    0.2619    0.3354
0.6797    0.1366
Columns 11 through 20
    0.7212    0.1068    0.6538    0.4942    0.7791    0.7150    0.9037    0.8909
0.3342    0.6987
b =
Columns 1 through 20
1    0    1    1    1    0    0    1    1    0    1
0    1    1    1    1    1    1    1    1
```

7. reshape 函数

MATLAB 提供了 reshape 函数来实现矩阵的重构。rshape(**A**，m，n)表示把矩阵 **A** 中的元素按照原来的顺序重新组成一个 $m \times n$ 的新矩阵 ***B***。必须注意的是，矩阵 **A** 中元素的个数必须与矩阵 ***B*** 相同。由于 MATLAB 中矩阵按列存储，因此矩阵重构时元素也按列排序。MATLAB 实现如下：

输入：

```
A = rand(2, 4)
B = reshape(A, 4, 2)
```

输出：

```
A =
    0.5552    0.8042    0.3715    0.4661
    0.8245    0.0244    0.4919    0.0417
B =
    0.5552    0.3715
    0.8245    0.4919
    0.8042    0.4661
    0.0244    0.0417
```

当矩阵中元素的数目未知时，也可以将矩阵重构成一行或者一列的向量，用[]代替元素的数目，表示为 reshape(A, 1, [])或 reshape(A, [], 1)。

8. fft 函数

y = fft(x)表示用快速傅里叶变换算法(FFT)计算 x 的离散傅里叶变换(DFT)。

快速傅里叶变换即利用计算机计算离散傅里叶变换的高效、快速计算方法的统称，简称 FFT。FFT 是 1965 年由 J. W. Coody 和 T. W. Tukey 提出的。采用这种算法能使计算机计算 DFT 所需要的乘法次数大为减少。采样点数 N 越多，FFT 算法计算量的节省就越显著。

【例 2.28】 利用 MATLAB 画出 $st=\cos(2\pi ft)$，$f=50$ Hz 的时域和频域图像。

输入：

```
fs = 1000;                    %采样频率
f = 50;                       %信号频率
dt = 1/fs;
N = 1000;
t = 0:dt:(N-1) * dt;          %设置时间轴
st = cos(2 * pi * f * t);     %信号
subplot(2, 1, 1);
plot(t, st);                  %绘图
axis([0 0.25 -1 1]);
xlabel('t');
ylabel('st');
sf = fft(st);                 %时域变频域
df = 1/t(end);
f = 0:df:(N-1) * df;          %设置频率轴
subplot(2, 1, 2);
plot(f, sf);
axis([0 1000 0 600]);
xlabel('f');
ylabel('sf');
```

st 的时域和频域图如图 2.18 所示。

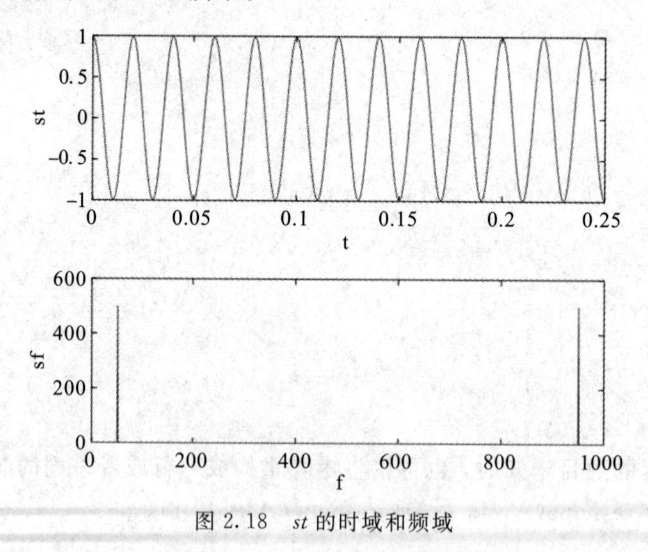

图 2.18　st 的时域和频域

9. ifft 函数

x = ifft(y)表示用快速傅里叶变换算法计算 y 的逆离散傅里叶变换。

【例 2.29】 将例 2.28 得到的 $st=\cos(2\pi ft)$频域图像变换回时域。

输入：

```
fs = 1000;
dt = 1/fs;
```

```
N = 1000;
t = 0:dt:(N-1) * dt;
st = cos(2 * pi * 50 * t);            %原信号
subplot(3, 1, 1);
plot(t, st);
title('原信号');
axis([0 0.25 -1 1]);
xlabel('t');
ylabel('st');
sf = fft(st);                          %利用 fft 函数，将时域信号变换到频域
df =fs/N;
f = 0:df:(N-1) * df;
subplot(3, 1, 2);
title('频域信号');                      %sf 为复向量，默认只画出实部
plot(f, sf);
axis([0 1000 0 600]);
xlabel('f');
ylabel('sf');
st = ifft(sf);                         %利用 ifft 函数，由频域再变换到时域
dt = 1/df/N;
t = 0:dt:(N-1) * dt;
subplot(3, 1, 3);
plot(t, st);
title('时域信号');
axis([0 0.25 -1 1]);
xlabel('t');
ylabel('st');
```

信号的时域与频域的变换如图 2.19 所示。

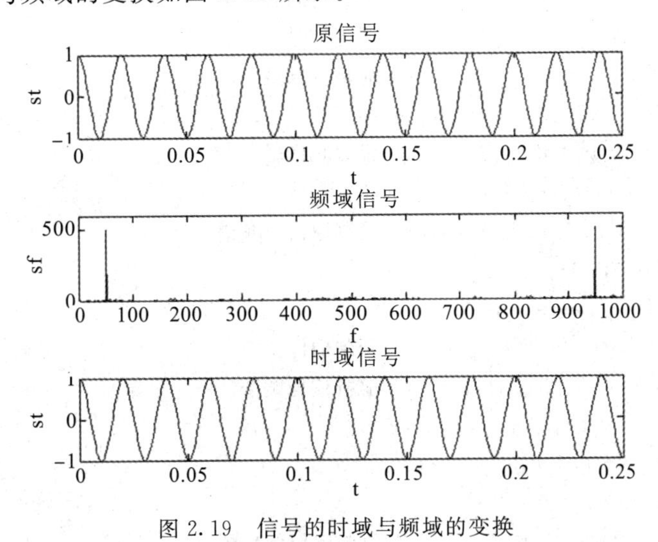

图 2.19　信号的时域与频域的变换

10. hilbert 函数

zt = hilbert(st)返回 $s(t)$的解析信号 $z(t)$。解析信号定义为 $z(t)=s(t)+j\hat{s}(t)$，实部为原信号 $s(t)$，虚部为 $s(t)$的离散希尔伯特变换。

信号 $s(t)$的希尔伯特变换表示为 $\hat{s}(t)=s(t)*1/(\pi t)$，如图 2.20 所示，希尔伯特变换可以等效为一个线型系统。

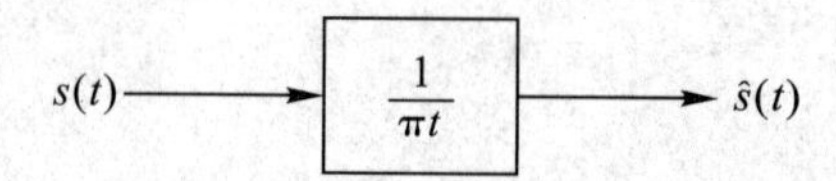

图 2.20 希尔伯特变换等效图

希尔伯特信号的傅里叶变换为

$$\mathscr{F}[\hat{s}(t)]=\mathscr{F}[s(t)]\mathscr{F}\left[\frac{1}{\pi t}\right]=-j\operatorname{sgn}(f)\mathscr{F}[s(t)] \tag{2.8}$$

其中，sgn(f)为符号函数。

因此，解析信号的傅里叶变换为

$$\begin{aligned}\mathscr{F}[z(t)]&=\mathscr{F}[s(t)]+j[-j\operatorname{sgn}(f)]\mathscr{F}[s(t)]\\&=[1+\operatorname{sgn}(n)]\mathscr{F}[s(t)]\\&=2U(f)\mathscr{F}[s(t)]\end{aligned} \tag{2.9}$$

其中，$U(f)$表示阶跃函数。可知，解析信号的频谱是信号 $s(t)$单边频谱的两倍。

【例 2.30】 在 MATLAB 中验证解析信号和原信号频谱的关系。

输入：

```
fs = 400;                    %采样频率
dt = 1/fs;
snr = 10;                    %信噪比 10 dB
f = 50;                      %信号频率 50 Hz
N = 128;
t = 0:dt:(N-1) * dt;         %设置时间轴
st = sin(2 * pi * f * t);    %产生信号
sf = fft(st);                %时域变频域
df = fs/N;
ff = 0:df:(N-1) * df;        %设置频率轴
subplot(2, 1, 1);
plot(ff, abs(sf));           %绘制原信号频谱
title('原信号频谱');
xlabel('f/Hz'); ylabel('|sf|');
zt = hilbert(st);            %希尔伯特变换
zf = fft(zt);                %解析信号频谱
df = fs/N;
fff = 0:df:(N-1) * df;
subplot(2, 1, 2);
plot(fff, abs(zf));          %绘制解析信号频谱
```

```
title('解析信号频谱');
xlabel('f/Hz'); ylabel('|zf|');
```

解析信号频谱如图2.21所示。

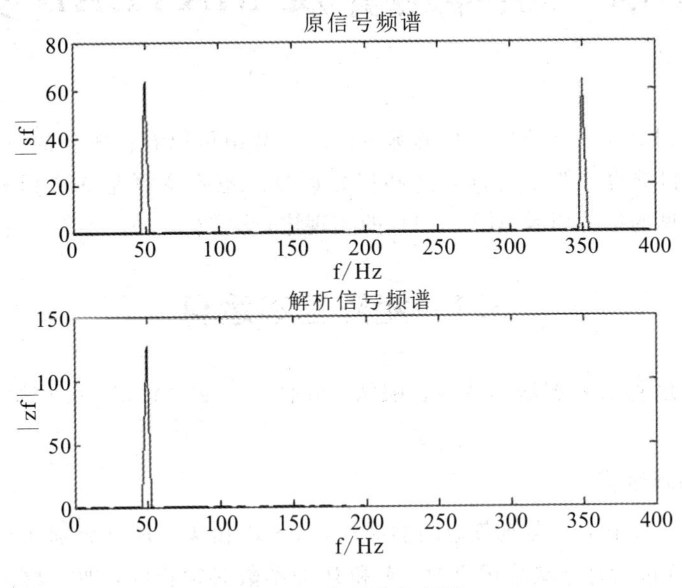

图2.21　解析信号频谱

本章小结

本章主要学习的是变量、向量和矩阵的基本知识，并简单介绍了常见函数。通过学习本章的内容，读者应做到：熟悉MATLAB的基本语法及编写简单的程序；会用MATLAB表示简单信号及其相关运算；利用MATLAB绘制简单图像。

习　题

1. 编写MATLAB程序，求[100，1000]之间所有能被37整除的整数。

2. 生成两个3×4的随机矩阵$\boldsymbol{A}$、$\boldsymbol{B}$，并求$\boldsymbol{A}^{\mathrm{H}}$、$\boldsymbol{B}^{\mathrm{H}}$、$\boldsymbol{A}+\boldsymbol{B}$、$\boldsymbol{A}-\boldsymbol{B}$、$\boldsymbol{A}\boldsymbol{B}^{\mathrm{H}}$。

3. 在一个图形窗口中绘出$\sin(2x)$、$\sin(x+\pi/4)$、$\cos(x)$、$\cos(x/2+\pi/2)$四条曲线，并为它们添加图例。

4. 根据以下方程绘出三维曲线：

$$\begin{cases} x=\sin(t) \\ y=\cos(t), & t\in[0, 10\pi] \\ z=t \end{cases}$$

5. 信号$\sin(x+\pi/8)$在接收时叠加了一个均值为1、方差为0.2的高斯白噪声，画出接收信号的波形图。

6. 画出$s=\cos(2\pi 10t+\pi/2)\cos(2\pi 100t)$的时域波形和频谱。

第3章 矩阵运算及MATLAB实现

矩阵是MATLAB进行各种运算的基本元素。数组可以看作矩阵的一种形式。最初开发MATLAB的目的也是为了简化矩阵和代数运算。矩阵运算是MATLAB的基本运算。本章将对矩阵常见的运算以及MATLAB的实现进行介绍。

3.1 矩阵基本运算

矩阵的基本运算有：加法、减法、乘法、除法、转置、Hadamard积、范数、求秩运算等。

1. 矩阵的加减运算

假定两个矩阵$\boldsymbol{A}$和$\boldsymbol{B}$，类似普通的加减法，$\boldsymbol{A}+\boldsymbol{B}$和$\boldsymbol{A}-\boldsymbol{B}$可分别实现矩阵$\boldsymbol{A}$与$\boldsymbol{B}$的加、减运算。矩阵进行加、减法运算时，$\boldsymbol{A}$和$\boldsymbol{B}$的维数必须相同，即行数、列数分别相等。

【例3.1】 已知矩阵$\boldsymbol{A}=\begin{bmatrix}1 & 2 & 3\\4 & 5 & 6\end{bmatrix}$，$\boldsymbol{B}=\begin{bmatrix}1 & 5 & 8\\2 & 4 & 7\end{bmatrix}$，求两个矩阵的和与差。

输入：

```
A=[1 2 3; 4 5 6];
B=[1 5 8; 2 4 7];
C=A+B
D=A-B
```

输出：

```
C =
     2     7    11
     6     9    13
D =
     0    -3    -5
     2     1    -1
```

2. 矩阵的乘法运算

假定有两个矩阵$\boldsymbol{A}$和$\boldsymbol{B}$，$\boldsymbol{A}$是m行n列，$\boldsymbol{B}$是n行p列，那么它们的乘积$\boldsymbol{C}=\boldsymbol{AB}$为$m$行$p$列。矩阵相乘时，矩阵$\boldsymbol{A}$的列数必须等于矩阵$\boldsymbol{B}$的行数。

【例3.2】 已知矩阵$\boldsymbol{A}=\begin{bmatrix}1 & 3 & 5\\2 & 4 & 6\end{bmatrix}$，$\boldsymbol{B}=\begin{bmatrix}2 & 3 & 3\\5 & 6 & 8\\1 & 4 & 9\end{bmatrix}$，求两个矩阵的乘积。

输入：

```
A=[1 3 5; 2 4 6];
```

```
B=[2 3 3; 5 6 8; 1 4 9];
C=A*B
```

输出：

```
C =
    22    41    72
    30    54    92
```

3. 矩阵的除法

在 MATLAB 中，有两个矩阵除法符号，即左除\和右除/。左除即 A\B=inv(A) * B，右除即 A/B=A * inv(B)。inv 命令为矩阵求逆运算命令，后面将会详细介绍。

【例 3.3】 已知矩阵 $\boldsymbol{A}=\begin{bmatrix}1 & 2\\3 & 4\end{bmatrix}$，$\boldsymbol{B}=\begin{bmatrix}5 & 6\\7 & 8\end{bmatrix}$，求 $\boldsymbol{A}\backslash\boldsymbol{B}$ 和 $\boldsymbol{B}/\boldsymbol{A}$。

输入：

```
A=[1 2; 3 4];
B=[5 6; 7 8];
C=A\B
D=B/A
```

输出：

```
C =
      -3          -4
       4           5
D =
   -1.0000    2.0000
   -2.0000    3.0000
```

验证如下：

```
E=inv(A) * B
F=B * inv(A)
E=
   -3.0000   -4.0000
    4.0000    5.0000
F =
   -1.0000    2.0000
   -2.0000    3.0000
```

4. 矩阵的转置

当矩阵 $\boldsymbol{A}$ 是实数矩阵时，把矩阵 $\boldsymbol{A}$ 的行和列互换，叫做 $\boldsymbol{A}$ 的转置矩阵，记作 $\boldsymbol{A}^{\mathrm{T}}$。举例如下：

$$\boldsymbol{A}=\begin{bmatrix}1 & 2 & 2\\4 & 5 & 8\end{bmatrix}$$

$$\boldsymbol{A}^{\mathrm{T}}=\begin{bmatrix}1 & 4\\2 & 5\\2 & 8\end{bmatrix}$$

当矩阵 $\boldsymbol{A}$ 是复数矩阵时，由矩阵 $\boldsymbol{A}$ 先共轭再转置得到的新矩阵，叫做 $\boldsymbol{A}$ 的共轭转置矩阵，记作 $\boldsymbol{A}^{\mathrm{H}}$。举例如下：

$$\boldsymbol{A}=\begin{bmatrix}1+3\mathrm{i} & 2-1\mathrm{i} & 2+3\mathrm{i}\\ 4+6\mathrm{i} & 5-3\mathrm{i} & 8-6\mathrm{i}\end{bmatrix}$$

$$\boldsymbol{A}^{\mathrm{H}}=\begin{bmatrix}1-3\mathrm{i} & 4-6\mathrm{i}\\ 2+1\mathrm{i} & 5+3\mathrm{i}\\ 2-3\mathrm{i} & 8+6\mathrm{i}\end{bmatrix}$$

单纯的转置运算可以用 transpose 命令实现，不论实矩阵还是复矩阵都只实现转置而不做共轭变换。具体情况见下例。

【例 3.4】 矩阵转置运算。

```
A=[1 4 7; 2 5 8; 3 6 9]
A =
     1     4     7
     2     5     8
     3     6     9
B=A'   %实矩阵的共轭转置
B =
     1     2     3
     4     5     6
     7     8     9
C=transpose(A)   %实矩阵的转置
C =
     1     2     3
     4     5     6
     7     8     9
Z=A+i*B
Z =
     1.0000 + 1.0000i   4.0000 + 2.0000i   7.0000 + 3.0000i
     2.0000 + 4.0000i   5.0000 + 5.0000i   8.0000 + 6.0000i
     3.0000 + 7.0000i   6.0000 + 8.0000i   9.0000 + 9.0000i
D=Z'   %复矩阵的共轭转置
D =
     1.0000 - 1.0000i   2.0000 - 4.0000i   3.0000 - 7.0000i
     4.0000 - 2.0000i   5.0000 - 5.0000i   6.0000 - 8.0000i
     7.0000 - 3.0000i   8.0000 - 6.0000i   9.0000 - 9.0000i
E=transpose(Z)   %只实现转置
E =
     1.0000 + 1.0000i   2.0000 + 4.0000i   3.0000 + 7.0000i
     4.0000 + 2.0000i   5.0000 + 5.0000i   6.0000 + 8.0000i
     7.0000 + 3.0000i   8.0000 + 6.0000i   9.0000 + 9.0000i
```

5. 矩阵的 Hadamard 积

$m\times n$ 矩阵 $\boldsymbol{A}=[a_{ij}]$ 与 $m\times n$ 矩阵 $\boldsymbol{B}=[b_{ij}]$ 的 Hadamard 积记作 $\boldsymbol{A}\odot\boldsymbol{B}$，得到的结果仍

然是一个 $m\times n$ 矩阵，定义为

$$\boldsymbol{A}\odot\boldsymbol{B}=\{a_{ij}b_{ij}\} \tag{3.1}$$

矩阵的 Hadamard 积就是两个同维矩阵的元素对应相乘，也称 Schur 积。矩阵的 Hadamard 积有如下性质：

(1) 若 $\boldsymbol{A}$，$\boldsymbol{B}$ 均为 $m\times n$ 矩阵，则

$$\boldsymbol{A}\odot\boldsymbol{B}=\boldsymbol{B}\odot\boldsymbol{A}$$

$$(\boldsymbol{A}\odot\boldsymbol{B})^{\mathrm{T}}=\boldsymbol{A}^{\mathrm{T}}\odot\boldsymbol{B}^{\mathrm{T}}$$

(2) 若 c 为常数，则

$$c(\boldsymbol{A}\odot\boldsymbol{B})=(c\boldsymbol{A})\odot\boldsymbol{B}=\boldsymbol{A}\odot(c\boldsymbol{B})$$

一般地，在 MATLAB 中用“. *”符号实现 A 和 B 的 Hadamard 积，如 A. * B。

【例 3.5】 矩阵 Hadamard 积运算。

输入：

```
A=[1 3 5; 2 4 6]
B=[2 4 6; 7 8 9]
C=A. * B   %C=A⊙B
```

输出：

```
A =
    1    3    5
    2    4    6
B =
    2    4    6
    7    8    9
C =
     2    12    30
    14    32    54
```

6. 矩阵的范数

一个 $m\times n$ 矩阵的范数是一个从 $m\times n$ 线性空间到实数域上的函数，记为 $\|\cdot\|$。它满足以下三条性质：

(1) $\|\boldsymbol{A}\|\geqslant 0$(非负性)；

(2) $\|a\boldsymbol{A}\|=|a|\ \|\boldsymbol{A}\|$(齐次性)；

(3) $\|\boldsymbol{A}+\boldsymbol{B}\|\leqslant\|\boldsymbol{A}\|+\|\boldsymbol{B}\|$(三角不等式)。

在 MATLAB 中矩阵的范数可使用 norm 命令进行计算，常见的矩阵范数及其调用格式如下：

(1) 1-范数，也称列范数。定义为 $\|\boldsymbol{A}\|_1=\max\limits_j\sum_i|a_{ij}|$，求取矩阵 $\boldsymbol{A}$ 的 1-范数的调用格式为 n=norm(A, 1)。

(2) 2-范数，也称谱范数或欧几里得范数。定义为 $\|\boldsymbol{A}\|_2=\sqrt{\lambda_{\max}}$，其中，$\lambda_{\max}$ 为 $\boldsymbol{A}^{\mathrm{H}}\boldsymbol{A}$ 的最大特征值。求取矩阵 $\boldsymbol{A}$ 的 2-范数的调用格式为 n=norm(A, 2)。当在 MATLAB 中输入 n=norm(A)时，默认求取矩阵的 2-范数。

(3) ∞-范数。定义为 $\|\boldsymbol{A}\|_\infty=\max\limits_i\sum_j |a_{ij}|$。求取矩阵 **A** 的∞-范数的调用格式为 n=norm(A, Inf)。

(4) F-范数。定义为 $\|\boldsymbol{A}\|_F=\left(\sum_{i,j}|a_{ij}|^2\right)^{1/2}=[tr(\boldsymbol{A}^H\boldsymbol{A})]^{1/2}$。求取矩阵 **A** 的F-范数的调用格式为 n=norm(A, 'fro')。

(5) p-范数。求取矩阵 **A** 的 p-范数的调用格式为 n=norm(A, p)。

【例 3.6】 随机生成一个矩阵 **A**，求解 **A** 的 1-范数，2-范数，∞-范数，F-范数，p-范数。

输入：

```
A=randn(1, 3);
n1=norm(A, 1)
n2=norm(A)
n3=norm(A, Inf)
n4=norm(A, 'fro')
n5=norm(A, p)
p=5;
```

输出：

```
n1 =
    4.6304
n2 =
    2.9588
n3 =
    2.2588
n4 =
    2.9588
n5 =
    2.3998
```

7. 矩阵的秩

矩阵的秩是线性代数中的一个重要的概念，它描述了矩阵的一个数值特征。矩阵 $\boldsymbol{A}_{m\times n}$ 的秩定义为该矩阵中线性无关的行或列的数目。

在 MATLAB 中求秩运算是由 rank 命令完成的。

【例 3.7】 已知一个矩阵 $\boldsymbol{A}=\begin{bmatrix}1 & 3 & 4\\5 & 6 & 8\end{bmatrix}$，求矩阵 **A** 的秩。

输入：

```
A=[1 3 4; 5 6 8];
B=rank(A)
```

输出：

```
B =
    2
```

3.2 特殊矩阵

1. 对称矩阵

对称矩阵$\boldsymbol{A}$是一个其元素a_{ij}关于主对角线对称的实正方矩阵，即有

$$\boldsymbol{A}^{\mathrm{T}}=\boldsymbol{A} \text{ 或 } a_{ij}=a_{ji} \tag{3.2}$$

满足条件$\boldsymbol{A}^{\mathrm{T}}=-\boldsymbol{A}$的方阵称为反对称矩阵。显然，为满足反对称性，主对角线上的元素必定等于零，即反对称矩阵的元素具有以下形式：

$$a_{ij}=\begin{cases}0, & i=j\\ -a_{ji}, & i\neq j\end{cases} \tag{3.3}$$

2. Hadamard 矩阵

Hadamard矩阵是一种重要的应用在通信、信息论和信号处理中的特殊矩阵。若矩阵的所有元素取+1或者−1，并且满足

$$\boldsymbol{H}_n\boldsymbol{H}_n^{\mathrm{T}}=\boldsymbol{H}_n^{\mathrm{T}}\boldsymbol{H}_n=n\boldsymbol{I}_n \tag{3.4}$$

则$\boldsymbol{H}_n\in R^{n\times n}$称为Hadamard矩阵。

在MATLAB中生成Hadamard矩阵由hadamard命令完成。

【例3.8】 生成4阶Hadamard矩阵。

输入：

```
hadamard(4)
```

输出：

```
ans =
    1     1     1     1
    1    -1     1    -1
    1     1    -1    -1
    1    -1    -1     1
```

3. 正交矩阵和酉矩阵

若实正方矩阵$\boldsymbol{Q}\in R^{n\times n}$满足

$$\boldsymbol{Q}\boldsymbol{Q}^{\mathrm{T}}=\boldsymbol{Q}^{\mathrm{T}}\boldsymbol{Q}=\boldsymbol{I} \tag{3.5}$$

则该矩阵称为正交矩阵。

若复正方矩阵$\boldsymbol{U}\in R^{n\times n}$满足

$$\boldsymbol{U}\boldsymbol{U}^{\mathrm{H}}=\boldsymbol{U}^{\mathrm{H}}\boldsymbol{U}=\boldsymbol{I} \tag{3.6}$$

则该矩阵称为酉矩阵。

若实矩阵$\boldsymbol{Q}_{m\times n}$只满足$\boldsymbol{Q}\boldsymbol{Q}^{\mathrm{T}}=\boldsymbol{I}_m$或者$\boldsymbol{Q}^{\mathrm{T}}\boldsymbol{Q}=\boldsymbol{I}_n$，则矩阵$\boldsymbol{Q}$称为半正交矩阵(Semi-Orthogonal Matrix)。类似地，若复矩阵$\boldsymbol{U}_{m\times n}$只满足$\boldsymbol{U}\boldsymbol{U}^{\mathrm{H}}=\boldsymbol{I}_m$或者$\boldsymbol{U}^{\mathrm{H}}\boldsymbol{U}=\boldsymbol{I}_n$，则矩阵$\boldsymbol{U}$称为半酉矩阵。在有些文献中，半正交矩阵也被称为标准正交矩阵。

4. Vandermonde 矩阵

一般地，如果一个$n\times m$矩阵$\boldsymbol{A}_{n\times m}$具有下述形式

$$\boldsymbol{A}=\begin{bmatrix}1 & x_1 & x_1^2 & \cdots & x_1^{n-1}\\ 1 & x_2 & x_2^2 & \cdots & x_2^{n-1}\\ \vdots & \vdots & \vdots & & \vdots\\ 1 & x_n & x_n^2 & \cdots & x_n^{n-1}\end{bmatrix} \tag{3.7}$$

或

$$\boldsymbol{A}=\begin{bmatrix}1 & 1 & \cdots & 1\\ x_1 & x_2 & \cdots & x_n\\ x_1^2 & x_2^2 & \cdots & x_n^2\\ \vdots & \vdots & & \vdots\\ x_1^{n-1} & x_2^{n-1} & \cdots & x_n^{n-1}\end{bmatrix} \tag{3.8}$$

则矩阵 $\boldsymbol{A}_{n\times m}$ 被称为 Vandermonde 矩阵。

从式(3.7)和式(3.8)可以看到，Vandermonde 矩阵中每行(或列)的元素组成一个等比序列。

Vandermonde 矩阵有一个重要的性质：当 n 个参数 x_1，x_2，…，x_n 互不相同时，Vandermonde 矩阵是非奇异矩阵。

在 MATLAB 中生成 Vandermonde 矩阵由 vander 命令完成。

【例 3.9】 构造 Vandermonde 矩阵。

输入：

```
v=1:0.5:3;
A=vander(v)
```

输出：

```
A =
     1.0000     1.0000     1.0000     1.0000     1.0000
     5.0625     3.3750     2.2500     1.5000     1.0000
    16.0000     8.0000     4.0000     2.0000     1.0000
    39.0625    15.6250     6.2500     2.5000     1.0000
    81.0000    27.0000     9.0000     3.0000     1.0000
```

5. Hankel 矩阵

一般地，如果一个矩阵 $\boldsymbol{A}$ 具有下述形式

$$\boldsymbol{A}=\begin{bmatrix}a_0 & a_1 & a_2 & \cdots & a_n\\ a_1 & a_2 & a_3 & \cdots & a_{n+1}\\ a_2 & a_3 & a_4 & \cdots & a_{n+2}\\ \vdots & \vdots & \vdots & & \vdots\\ a_n & a_{n+1} & a_{n+2} & \cdots & a_{2n}\end{bmatrix} \tag{3.9}$$

则方阵 $\boldsymbol{A}\in R^{(n+1)\times(n+1)}$ 称为 Hankel 矩阵。显然，只要序列 a_0，a_1，…，a_{2n-1}，a_{2n} 给定，Hankel 矩阵的一般项就由 $a_{ij}=a_{i+j-2}$ 规定。事实上，Hankel 矩阵是一个交叉对角线上具有相同元素的矩阵。

假定给出了一系列复数 s_0，s_1，s_2，…，它们定义了一个无穷阶对称矩阵

$$S=\begin{bmatrix} s_0 & s_1 & s_2 & \cdots \\ s_1 & s_2 & s_3 & \cdots \\ s_2 & s_3 & s_4 & \cdots \\ \vdots & \vdots & \vdots & \vdots \end{bmatrix} \tag{3.10}$$

则称矩阵 $\boldsymbol{S}$ 为无穷阶 Hankel 矩阵，并简记作 $\boldsymbol{S}=[s_{i+k}]_0^\infty$。

在 MATLAB 中生成 Hankel 矩阵由 hankel 命令完成。

【例 3.10】 构造 Hankel 矩阵。

输入：

```
x=[1 2 3 4 5 6 7];
y=[7 6 5 4 3 2 1];
A=hankel(x)
B= hankel(x, y)
```

输出：

```
A =
    1    2    3    4    5    6    7
    2    3    4    5    6    7    0
    3    4    5    6    7    0    0
    4    5    6    7    0    0    0
    5    6    7    0    0    0    0
    6    7    0    0    0    0    0
    7    0    0    0    0    0    0
B=
    1    2    3    4    5    6    7
    2    3    4    5    6    7    6
    3    4    5    6    7    6    5
    4    5    6    7    6    5    4
    5    6    7    6    5    4    3
    6    7    6    5    4    3    2
    7    6    5    4    3    2    1
```

6. Hermitian 矩阵

如果某个方阵 $\boldsymbol{A}$ 的共轭转置矩阵等于它本身，则称该方阵为 Hermitian 矩阵。

Hermitian 矩阵对角线上的元素始终为实数。因为实矩阵不受复共轭影响，所以对称实矩阵也是 Hermitian 矩阵。

Hermitian 矩阵的特征值是实数。

在 MATLAB 中构造一个实的 Hermitian 矩阵的方式如下：

```
>>A=rand(3)
A =
    0.9134    0.2785    0.9649
    0.6324    0.5469    0.1576
    0.0975    0.9575    0.9706
>>B=A * A'
```

```
B =
    1.8428    0.8820    1.2923
    0.8820    0.7238    0.7383
    1.2923    0.7383    1.8684
```

对生成的 Hermitian 矩阵的特征值进行如下验证：

```
>>eig(B)
ans =
    0.2378
    0.5933
    3.6039
```

可见，生成的矩阵满足特征值都是实数这一性质。

7. 奇异和非奇异矩阵

对于 $n\times n$ 的矩阵 $\boldsymbol{A}$，当且仅当 $\boldsymbol{Ax}=0$ 只有零解时，矩阵 $\boldsymbol{A}$ 是非奇异矩阵；否则，称矩阵 $\boldsymbol{A}$ 奇异。若 $m\times n$ 的矩阵 $\boldsymbol{A}$ 满足 $m\neq n$ 这一条件，则矩阵 $\boldsymbol{A}$ 是奇异矩阵。

非奇异矩阵 $\boldsymbol{A}$ 满秩且行列式不为零。

3.3 矩阵的逆与广义逆

3.3.1 矩阵的逆

对于 $n\times n$ 的矩阵 $\boldsymbol{A}$，当存在 $n\times n$ 的矩阵 $\boldsymbol{B}$，满足 $\boldsymbol{AB}=\boldsymbol{BA}=\boldsymbol{I}$ 时，则称矩阵 $\boldsymbol{B}$ 是矩阵 $\boldsymbol{A}$ 的逆矩阵，记为 $\boldsymbol{A}^{-1}$。

如果一个矩阵是非奇异的，那么它必定存在逆矩阵；反之，奇异矩阵肯定不存在逆矩阵。

若 $\boldsymbol{A}$ 是一个 $n\times n$ 的可逆矩阵，且 $\boldsymbol{x}$，$\boldsymbol{y}$ 都是 $n\times 1$ 的向量，若 $(\boldsymbol{A}+\boldsymbol{xy}^{\mathrm{H}})^{-1}$ 存在，则

$$(\boldsymbol{A}+\boldsymbol{xy}^{\mathrm{H}})^{-1}=\boldsymbol{A}^{-1}-\frac{\boldsymbol{A}^{-1}\boldsymbol{xy}^{\mathrm{H}}\boldsymbol{A}^{-1}}{1+\boldsymbol{y}^{\mathrm{H}}\boldsymbol{A}^{-1}\boldsymbol{x}}$$

在 MATLAB 中求取矩阵的逆由 inv 命令完成。

【例 3.11】 求矩阵 $\boldsymbol{A}=\begin{bmatrix}1 & 2 & 0\\ 2 & 5 & -1\\ 4 & 10 & -1\end{bmatrix}$ 的逆。

输入：

```
A=[1, 2, 0; 2, 5, -1; 4, 10, -1];
X=inv(A)
```

输出：

```
X =
     5     2    -2
    -2    -1     1
     0    -2     1
```

3.3.2　矩阵的广义逆

设 $\boldsymbol{A}\in R^{m\times n}$，如果 $\boldsymbol{X}\in C^{m\times n}$ 满足下列四个 Penrose 方程：

(1) $\boldsymbol{AXA}=\boldsymbol{A}$；

(2) $\boldsymbol{XAX}=\boldsymbol{X}$；

(3) $(\boldsymbol{AX})^{\mathrm{H}}=\boldsymbol{AX}$；

(4) $(\boldsymbol{XA})^{\mathrm{H}}=\boldsymbol{XA}$。

则 $\boldsymbol{X}$ 称为 $\boldsymbol{A}$ 的 Moore-Penrose 逆，简称为广义逆，记为 $\boldsymbol{A}^{\dagger}$。矩阵的 Moore-Penrose 逆存在并唯一。

对于列满秩矩阵 $\boldsymbol{F}\in \boldsymbol{C}_r^{m\times r}$，若有矩阵 $\boldsymbol{F}^{\dagger}=(\boldsymbol{F}^{\mathrm{H}}\boldsymbol{F})^{-1}\boldsymbol{F}^{\mathrm{H}}$ 使得 $\boldsymbol{F}^{\dagger}\boldsymbol{F}=\boldsymbol{I}_r$，则称 $\boldsymbol{F}^{\dagger}$ 为 $\boldsymbol{F}$ 的左广义逆矩阵。

对于行满秩矩阵 $\boldsymbol{G}\in \boldsymbol{C}_r^{r\times n}$，若有矩阵 $\boldsymbol{G}^{\dagger}=\boldsymbol{G}^{\mathrm{H}}(\boldsymbol{G}\boldsymbol{G}^{\mathrm{H}})^{-1}$ 使得 $\boldsymbol{G}\boldsymbol{G}^{\dagger}=\boldsymbol{I}_r$，则称 $\boldsymbol{G}^{\dagger}$ 为 $\boldsymbol{G}$ 的右广义逆矩阵。

逆矩阵、左广义逆矩阵和右广义逆矩阵都可以视为 Moore-Penrose 逆矩阵的特例。

在 MATLAB 中用 pinv 命令求取矩阵的左广义逆，如矩阵 $\boldsymbol{A}$ 的左广义逆为 pinv(A)。

【例 3.12】 已知矩阵 $\boldsymbol{A}=\begin{bmatrix}8 & 1 & 6 & 1 & 2\\ 3 & 5 & 7 & 2 & 5\\ 4 & 9 & 2 & 3 & 8\end{bmatrix}$，求其左广义逆矩阵。

输入：

```
A=[8 1 6 1 2; 3 5 7 2 5; 4 9 2 3 8]
B=pinv(A)
```

输出：

```
B=

     0.1494    -0.1457     0.0592
    -0.0405     0.0105     0.0614
    -0.0173     0.1876    -0.1075
    -0.0055     0.0052     0.0160
    -0.0227     0.0122     0.0472
```

3.4　矩阵特征值分解

特征值分解又称谱分解，它是将矩阵分解为由其特征值和特征向量组成的矩阵之积的方法。当且仅当 $\boldsymbol{Av}=\lambda\boldsymbol{v}$ 成立时，n 维向量 $\boldsymbol{v}$ 是 $n\times n$ 的矩阵 $\boldsymbol{A}$ 的特征向量。其中，标量 λ 为 $\boldsymbol{v}$ 对应的特征值，也称 $\boldsymbol{v}$ 为特征值 λ 对应的特征向量。

一般地，对于任意方阵 $\boldsymbol{A}$，首先求出方程 $|\lambda\boldsymbol{E}-\boldsymbol{A}|=0$ 的解，这些解就是 $\boldsymbol{A}$ 的特征值，再将其分别代入方程 $(\lambda\boldsymbol{E}-\boldsymbol{A})\boldsymbol{v}=0$ 中，求得它们所对应的基础解系。此时，对于任意一个 λ，它所对应的基础解系组成的线性空间中任意一个向量，均为该 λ 所对应的特征向量。

特殊地，工程中涉及的对称矩阵(实数域)或厄尔米特矩阵(复数域共轭对称矩阵)$\boldsymbol{A}$ 可以分解成如下形式：

$$\boldsymbol{A}=\boldsymbol{U\Sigma U}^{\mathrm{H}} \tag{3.11}$$

其中，$\boldsymbol{\Sigma}$ 为对角矩阵，对角元素为矩阵 $\boldsymbol{A}$ 的特征值，$\boldsymbol{U}$ 的列向量 $\boldsymbol{u}_i$ 为特征值对应的特征向量。列向量 $\boldsymbol{u}_i$ 之间是正交的，又有 $\|\boldsymbol{u}_i\|_2=1$，则 $\boldsymbol{U}$ 是单位正交矩阵，$\boldsymbol{U}\boldsymbol{U}^{\mathrm{H}}=\boldsymbol{I}$。

在 MATLAB 中利用 eig 命令可以快速求解矩阵的特征值与特征向量。常见的调用格式如下：

(1) e=eig(A)：求取矩阵特征值。

(2) [V, D]=eig(A)：$\boldsymbol{D}$ 为特征值构成的对角阵，矩阵 $\boldsymbol{V}$ 的列是特征值对应的右特征向量。

(3) [V, D, W]=eig(A)：$\boldsymbol{W}$ 的列是特征值对应的左特征向量。

【例 3.13】 随机生成一个矩阵，并对其进行特征值分解。

输入：

```
A = rand(3, 3)
[V, D]=eig(A)
E=V*D - A*V
```

输出：

```
A =
    0.8147    0.9134    0.2785
    0.9058    0.6324    0.5469
    0.1270    0.0975    0.9575
V =
     0.6752   -0.7134   -0.5420
    -0.7375   -0.6727   -0.2587
    -0.0120   -0.1964    0.7996
D =
   -0.1879         0         0
         0    1.7527         0
         0         0    0.8399
E = 1.0e-015 *
     0.3053     -0.2220     -0.0555
    -0.3608      0.2220      0.0278
    -0.0486      0.1110     -0.1110
```

输入：

```
A = rand(3, 3)
A = A + A'
[V, D, W]=eig(A)
F=V*D*W' - A
```

输出：

```
A =
    0.7655    0.4898    0.7094
    0.7952    0.4456    0.7547
    0.1869    0.6463    0.2760
V =
```

```
    -0.6496   -0.6604   -0.3062
    -0.6543   -0.0906   -0.5276
    -0.3872    0.7455    0.7924
D =
     1.6817         0         0
          0    0.0319         0
          0         0   -0.2265
F = 1.0e-14 *
     0.1110    0.0423    0.0333
     0.0666    0.0290         0
     0.0555    0.0184   -0.0028
```

3.5 矩阵奇异值分解

奇异值分解(Singular Value Decomposition)是线性代数中最基本和最重要的矩阵分解之一，它与特征值分解有一些相似之处，但更为通用。奇异值分解可以应用于任何矩阵，为我们提供关于矩阵的秩、列空间和行空间等重要信息。

矩阵奇异值分解的定义为

(1) 在实数域：若矩阵 $\boldsymbol{A}\in\boldsymbol{R}_{m\times n}$，则存在正交矩阵 $\boldsymbol{U}\in\boldsymbol{R}_{m\times m}$ 和 $\boldsymbol{V}\in\boldsymbol{R}_{n\times n}$，使得

$$\boldsymbol{A}=\boldsymbol{U\Sigma V}^{\mathrm{T}} \tag{3.12}$$

式中，$\boldsymbol{\Sigma}=\mathrm{diag}(\sigma_1, \sigma_2, \cdots, \sigma_p)\in\boldsymbol{R}^{m\times n}$，$p=\min(m, n)$，$\sigma_1\geqslant\sigma_2\geqslant\cdots\sigma_p\geqslant0$。

(2) 在复数域：若矩阵 $\boldsymbol{A}\in\boldsymbol{C}_{m\times n}$，则存在酉矩阵 $\boldsymbol{U}\in\boldsymbol{C}_{m\times m}$ 和 $\boldsymbol{V}\in\boldsymbol{C}_{n\times n}$，使得

$$\boldsymbol{A}=\boldsymbol{U\Sigma V}^{\mathrm{H}} \tag{3.13}$$

式中，$\boldsymbol{\Sigma}=\mathrm{diag}(\sigma_1, \sigma_2, \cdots, \sigma_p)\in\boldsymbol{C}^{m\times n}$，$p=\min(m, n)$，$\sigma_1\geqslant\sigma_2\geqslant\cdots\sigma_p\geqslant0$。

若矩阵 $\boldsymbol{A}$ 满足以下条件之一，则可以进行奇异值分解：

(1) 若 $\boldsymbol{A}$ 为 $n\times n$ 矩阵，且 $\boldsymbol{A}^{-1}$ 不存在；

(2) 若 $\boldsymbol{A}$ 为 $m\times n$ 矩阵，$m\geqslant n$ 或 $m\leqslant n$。

在MATLAB中利用svd命令可以快速求解矩阵的特征值与特征向量。常见的调用格式如下：

(1) s=svd(A)：以降序顺序返回矩阵 $\boldsymbol{A}$ 的奇异值。

(2) [U, S, V]=svd(A, 'econ')：执行矩阵 $\boldsymbol{A}$ 的奇异值分解。

【例3.14】 将矩阵 $\boldsymbol{A}=\begin{bmatrix}9 & 1 & 4\\ 8 & 4 & 3\\ 7 & 3 & 5\end{bmatrix}$ 进行奇异值分解。

输入：

```
A=[9 1 4; 8 4 3; 7 3 5];
[U, S, V]=svd(A)
B=U*S*V'-A
```

输出：

```
U =
```

```
    -0.6011     0.7765   -0.1891
    -0.5739    -0.5840   -0.5740
    -0.5562    -0.2365    0.7967
S =
    16.1739          0         0
          0     2.3696         0
          0          0    1.6699
V =
    -0.8591     0.2787   -0.4293
    -0.2823    -0.9576   -0.0570
    -0.4270     0.0723    0.9013
B = 1.0e-014 *
    0.8882          0     0.7994
    0.5329     0.4441     0.4441
    0.4441     0.3553     0.5329
```

特征值分解和奇异值分解的区别和联系如下：

区别：不是所有的矩阵都能特征值分解。

联系：当 $\boldsymbol{A}$ 为对称方阵时，可以写成 $\boldsymbol{A}=\boldsymbol{B}\boldsymbol{B}^{\mathrm{H}}$ 的形式。现对其中的矩阵 $\boldsymbol{B}$ 进行奇异值分解，得到 $\boldsymbol{B}=\boldsymbol{U}\boldsymbol{\Sigma}\boldsymbol{V}^{\mathrm{H}}$，则有：

$$\boldsymbol{A}=\boldsymbol{U}\boldsymbol{\Sigma}\boldsymbol{V}^{\mathrm{H}}(\boldsymbol{U}\boldsymbol{\Sigma}\boldsymbol{V}^{\mathrm{H}})^{\mathrm{H}}=\boldsymbol{U}\boldsymbol{\Sigma}^2\boldsymbol{U}^{\mathrm{H}} \tag{3.14}$$

其中 $\boldsymbol{\Sigma}^2$ 为对角矩阵，酉矩阵 $\boldsymbol{U}^{\mathrm{H}}=\boldsymbol{U}^{-1}$。

因此，对比对称方阵的特征值分解表达式，式(3.14)也可以理解为 $\boldsymbol{A}$ 的特征值分解，$\boldsymbol{U}$ 是由 $\boldsymbol{A}$ 的特征向量组成的矩阵，$\boldsymbol{\Sigma}^2$ 是由 $\boldsymbol{A}$ 的特征值组成的对角矩阵。

3.6　其他常见的矩阵分解

在 MATLAB 中方程组的求解主要基于三种基本的矩阵分解：对称正定矩阵的分解(Cholesky 分解)、一般矩阵的消去法(LU 分解)与矩形矩阵的正交分解(QR 分解)。这三种分解都会将矩阵分解为三角矩阵和其他形式矩阵的乘积，其中三角矩阵分为上三角矩阵和下三角矩阵两种，上三角矩阵对角线左下方的系数全部为零，下三角矩阵对角线右上方的系数全部为零。包含三角矩阵的线性方程组可以使用左除或者右除的方法来简单、快速地求解。

1. 矩阵的 Cholesky 分解

若 $\boldsymbol{A}$ 是一个 $n\times n$ 的对称正定矩阵，则存在对角线为正的上三角矩阵 $\boldsymbol{R}$，使得

$$\boldsymbol{A}=\boldsymbol{R}^{\mathrm{T}}\boldsymbol{R} \tag{3.15}$$

从 $\boldsymbol{A}$ 求 $\boldsymbol{R}$ 这就是 Cholesky 分解。在 MATLAB 中使用命令 chol 来实现 Cholesky 分解。函数的调用格式有两种：

(1) R=chol(A)：输入参量 $\boldsymbol{A}$ 是运算对象矩阵，输出参量 $\boldsymbol{R}$ 为上三角矩阵，满足$\boldsymbol{A}=\boldsymbol{R}^{\mathrm{T}}\boldsymbol{R}$。如果 $\boldsymbol{A}$ 不是正定矩阵，则提示错误信息。

(2) [R, p]=chol(A)：输入参量同上，输出参量 $\boldsymbol{R}$ 也同上。此时不给出出错信息。如

果 $\boldsymbol{A}$ 是正定矩阵，则返回 $p=0$；如果 $\boldsymbol{A}$ 不是正定矩阵，则返回的p为正整数，且上三角矩阵 $\boldsymbol{R}$ 的阶数 $n=p-1$。

为了进行以下示例，这里要介绍著名的Pascal矩阵。Pascal矩阵是对称方阵，第一行与第一列元素都全为1，除 $a_{11}=1$ 外，其他对角线上的元素为其相邻前一行元素与其相邻前一列元素之和。

【例3.15】 Pascal矩阵的Cholesky分解示例。

输入：

```
A = pascal(3)
[R, p] = chol(A)
B = R' * R
```

输出：

```
A =
     1     1     1
     1     2     3
     1     3     6
R =
     1     1     1
     0     1     2
     0     0     1
p =
     0
B =
     1     1     1
     1     2     3
     1     3     6
```

运算结果表明，$p=0$，即三阶Pascal矩阵是正定矩阵；$\boldsymbol{B}=\boldsymbol{A}$，即矩阵Cholesky分解正确。

2. 矩阵的LU分解

将任何一个方阵 $\boldsymbol{A}$ 分解为一个下三角矩阵 $\boldsymbol{L}$ 与一个上三角矩阵 $\boldsymbol{U}$ 的乘积的运算叫LU分解，即有：

$$\boldsymbol{A}=\boldsymbol{L}\boldsymbol{U} \tag{3.16}$$

在MATLAB中可以使用lu命令来实现LU分解。函数的调用格式为[L，U] = lu(A)。

函数的输入参量 $\boldsymbol{A}$ 是运算对象矩阵，输出参量 $\boldsymbol{L}$ 为分解的下三角矩阵的基本变换形式(行变换)，$\boldsymbol{U}$ 为分解的上三角矩阵。

对于矩阵的LU分解，矩阵 $\boldsymbol{A}$ 的行列式与矩阵 $\boldsymbol{A}$ 的逆满足如下性质：

$$\det(\boldsymbol{A})=\det(\boldsymbol{L})\det(\boldsymbol{U})$$

与

$$\boldsymbol{A}^{-1}=\boldsymbol{L}^{-1}\boldsymbol{U}^{-1}$$

其中，$\det(\boldsymbol{A})$ 表示矩阵 $\boldsymbol{A}$ 的行列式。

【例 3.16】 试对矩阵 $\boldsymbol{A}=\begin{bmatrix}38 & 2 & 14\\ 18 & 29 & 44\\ 41 & 47 & 5\end{bmatrix}$ 进行 LU 分解。

输入：

```
A=[38 2 14; 18 29 44; 41 47 5];
[L, U]=lu(A)
B=L * U
C=det(A)
D=det(L) * det(U)
E=inv(A)
F=inv(U) * inv(L)
```

输出：

```
L =
     0.9268     1.0000          0
     0.4390    -0.2013     1.0000
     1.0000          0          0
U =
    41.0000    47.0000     5.0000
          0   -41.5610     9.3659
          0          0    43.6901
B =
         38          2         14
         18         29         44
         41         47          5
C =
     -74448
D =
     -74448
E =
     0.0258    -0.0087     0.0043
    -0.0230     0.0052     0.0191
     0.0046     0.0229    -0.0143
F =
     0.0258    -0.0087     0.0043
    -0.0230     0.0052     0.0191
     0.0046     0.0229    -0.0143
```

运行结果表明：

(1) 输出参量 $\boldsymbol{L}$ 为下三角矩阵的基本变换形式(行变换)，$\boldsymbol{U}$ 为分解的上三角矩阵；

(2) $\boldsymbol{L}$ 与 $\boldsymbol{U}$ 满足 $\det(\boldsymbol{A})=\det(\boldsymbol{L})\det(\boldsymbol{U})$ 与 $\mathrm{inv}(\boldsymbol{A})=\mathrm{inv}(\boldsymbol{L})\mathrm{inv}(\boldsymbol{U})$。

3. 矩阵的 QR 分解

将矩阵 $\boldsymbol{A}$ 分解为一个正交矩阵 $\boldsymbol{Q}$ 与一个上三角矩阵 $\boldsymbol{R}$ 的乘积的运算称为 QR 分解，

即有：

$$A=QR \tag{3.17}$$

在MATLAB中用命令qr来实现QR分解。该函数的调用格式有以下两种：

(1) [Q, R]=qr(A)：函数的输入参量$\boldsymbol{A}$是对象矩阵，输出参量是分解的正交矩阵$\boldsymbol{Q}$与上三角矩阵$\boldsymbol{R}$，满足$\boldsymbol{A}=\boldsymbol{QR}$。

(2) [Q, R, E]=qr(A)：函数的输出参量$\boldsymbol{E}$是一个置换矩阵，输入参量$\boldsymbol{A}$和$\boldsymbol{Q}$的含义与格式(1)相同，此时满足

$$AE=QR \tag{3.18}$$

【例3.17】 试对矩阵$\boldsymbol{A}=\begin{bmatrix}1 & 1 & 1\\ 2 & -1 & -1\\ 2 & -4 & 5\end{bmatrix}$进行QR分解。

输入：

```
A=[1 1 1; 2 -1 -1; 2 -4 5];
[Q, R, E]=qr(A)
IQ=Q'*Q
B=Q*R
C=A*E
```

输出：

```
Q =
     0.1925     0.6804     0.7071
    -0.1925    -0.6804     0.7071
     0.9623    -0.2722    -0.0000
R =
   5.1962    -3.4641     1.7321
        0     2.4495    -1.2247
        0          0     2.1213
E =
   0         0         1
   0         1         0
   1         0         0
IQ =
   1.0000     0.0000     0.0000
   0.0000     1.0000    -0.0000
   0.0000    -0.0000     1.0000
B =
     1.0000     1.0000     1.0000
    -1.0000    -1.0000     2.0000
     5.0000    -4.0000     2.0000
C =
     1          1          1
    -1         -1          2
```

```
        5         -4         2
```

运行结果表明：

(1) 输出参量 $\boldsymbol{Q}$ 为正交矩阵，$\boldsymbol{R}$ 为上三角矩阵；

(2) 分解的 $\boldsymbol{Q}$、$\boldsymbol{R}$ 与 $\boldsymbol{E}$ 满足关系 $\boldsymbol{AE}=\boldsymbol{QR}$。

本章小结

矩阵是 MATLAB 进行各种运算的基本元素。本章介绍了矩阵的基本运算及其 MATLAB 实现。其中包括矩阵的基本运算、特殊矩阵、矩阵的逆与广义逆、矩阵的特征值分解、矩阵的奇异值分解和常见矩阵分解。由此可以看出，MATLAB 强大的数值计算功能使其成为诸多数学计算软件中的佼佼者，同时它也是 MATLAB 软件的基础。可以预见，在科学计算、自动控制领域 MATLAB 语言将长期保持其独一无二的地位。

习 题

1. 用 MATLAB 求下列线性方程组的解：

$$\begin{cases} x_1+4x_2-7x_3+6x_4=0 \\ 2x_2+x_3+x_4=-8 \\ x_2+x_3+3x_4=-2 \\ x_1+x_3-x_4=1 \end{cases}$$

2. 已知矩阵 $\boldsymbol{A}=\begin{bmatrix}1 & 3\\2 & -1\end{bmatrix}$，$\boldsymbol{B}=\begin{bmatrix}3 & 0\\1 & 2\end{bmatrix}$。试用 MATLAB 求 $\boldsymbol{AB}$、$2\boldsymbol{A}$、$2\boldsymbol{A}-3\boldsymbol{B}$ 和 $\boldsymbol{AB}$。

3. 计算矩阵 $\boldsymbol{A}=\begin{bmatrix}1 & -1\\3 & -3\\-3 & 3\end{bmatrix}$ 的奇异值分解，并用 MATLAB 校验计算结果。

4. 试用 MATLAB 对矩阵 $\boldsymbol{A}=\begin{bmatrix}1 & 1 & 1\\7 & 1 & -1\\2 & -4 & 5\end{bmatrix}$ 进行 QR 分解。

5. 试用 MATLAB 计算矩阵 $\boldsymbol{A}=\begin{bmatrix}-1 & 1 & 0\\-4 & 3 & 0\\1 & 0 & 2\end{bmatrix}$ 的特征值、特征对角矩阵 $\boldsymbol{D}$ 与特征向量矩阵 $\boldsymbol{V}$。

6. 试用 MATLAB 分别计算矩阵 $\boldsymbol{A}=\begin{bmatrix}1 & 3 & -2\\-1 & 2 & 4\\502 & 497 & -490\end{bmatrix}$ 与 $\boldsymbol{B}=\begin{bmatrix}2 & 3 & 4 & 5\\3 & 4 & 5 & 6\\4 & 5 & 6 & 7\end{bmatrix}$ 的逆矩阵与广义逆矩阵。

7. 令矩阵 $\boldsymbol{A}=\begin{bmatrix}2\mathrm{i} & 3+\mathrm{i} & 4\\2+6\mathrm{i} & 3 & 4+2\mathrm{i}\\5 & 6 & 9+4\mathrm{i}\end{bmatrix}$，求其共轭矩阵和共轭转置矩阵。

8. 试用 MATLAB 对矩阵 $\boldsymbol{A}=\begin{bmatrix}38 & 3 & -2\\-1 & 2 & 4\\41 & 49 & 5\end{bmatrix}$进行 LU 分解。

9. 试用 MATLAB 给出 $\boldsymbol{A}=\begin{bmatrix}4 & 1 & 0\\5 & 6 & 5\\1 & 0 & 1\end{bmatrix}$的范数。

第4章 无线电信号仿真基础

4.1 信号的分类

在无线电信号中，根据信号的不同特性，信号可分为确定信号与随机信号、周期信号与非周期信号、连续时间信号与离散时间信号、能量信号与功率信号等。

1. 确定信号与随机信号

若信号被表示为一个确定的时间函数，则对于指定的某一时刻，可确定一个相应的函数值，这种信号称为确定信号或规则信号，如正弦信号。但在实际传输信号的过程中，信号往往具有未可预知的不确定性，这种信号称为随机信号或不确定信号。

2. 周期信号与非周期信号

在确定信号之中又可分为周期信号与非周期信号。所谓周期信号就是依照一定时间间隔周而复始，且无始无终的信号，它们的表示式可以写作：

$$f(t)=f(t+nT),\ n=0,\pm1,\ \pm2,\ \cdots \tag{4.1}$$

满足此关系式的最小 T 值称为信号的周期。只要给出此信号在任一周期内的变化过程，便可确定其在任一时刻的数值。非周期信号不具有周而复始的特性。若令周期信号的周期 T 趋于无穷大，则该信号成为一个非周期信号。

3. 连续信号与离散信号

按照时间函数取值的连续性与离散性可将信号划分为连续时间信号和离散时间信号(简称连续信号与离散信号)。在所讨论的时间间隔内，除若干不连续点之外，对于任意时间值都可以给出确定的函数值，此信号就是连续信号。而离散信号与其对应，在时间上是离散值，只在某些不连续的规定时间点给出函数值，在其他时间没有定义。在此基础之上，时间和幅值均为连续的信号称为模拟信号，时间和幅值均为离散的信号称为数字信号。

4. 能量信号与功率信号

信号 $f(t)$的归一化能量(或简称信号的能量)定义为信号电压(或电流)加到 1 Ω 电阻上所消耗的能量，可用 E 表示：

$$E=\int_{-\infty}^{\infty}|f(t)|^2\mathrm{d}t \tag{4.2}$$

若 $f(t)$为实函数，则

$$E=\int_{-\infty}^{\infty}f^2(t)\mathrm{d}t \tag{4.3}$$

通常把能量为有限值的信号称为能量有限信号或简称为能量信号。在实际应用中，一般的非周期信号属于能量有限信号。然而，对于像周期信号、阶跃函数、符号函数这类的信号，显然上式的积分值无穷大。在这种情况下，一般不再研究信号的能量而研究信号的平均功率。

信号的平均功率定义为信号电压(或电流)在 1 Ω 电阻上所消耗的功率，$f(t)$在区间$[T_1, T_2]$上的平均功率表达式为

$$P = \frac{1}{T_2 - T_1}\int_{T_1}^{T_2} | f(t) |^2 \mathrm{d}t \tag{4.4}$$

在整个时间轴$[-\infty, \infty]$上的平均功率为

$$P = \lim_{T\to\infty}\left[\frac{1}{T}\int_{-\frac{T}{2}}^{\frac{T}{2}} | f(t) |^2 \mathrm{d}t\right] \tag{4.5}$$

通常，$f(t)$的平均功率由式(4.5)给出。

如果信号的功率是有限值，则称这类信号是功率有限信号或简称为功率信号。有些信号既不属于能量有限信号也不属于功率有限信号，例如 $f(t)=e^t$。

4.2 MATLAB 信号处理工具箱

MATLAB 由主包和数十个可选的工具箱组成，主包带有功能丰富和完备的数学函数库，大量复杂的数学运算和分析都可以直接调用 MATLAB 函数求解。工具箱为特定的学科和研究领域提供丰富的处理工具支持，本章主要涉及信号处理工具箱(Signal Processing Toolbox)。该工具箱中常用的函数由表 4.1 给出。

表 4.1　常用的信号处理类函数

函数名	注　　释
sawtooth	产生锯齿波或三角波信号
square	产生方波信号
sinc	产生 sinc 函数信号
rectpule	产生非周期的方波信号
tripuls	产生非周期的三角波信号
fft	快速傅里叶变换
dft	离散傅里叶变换
ifft	快速傅里叶反变换
idft	离散傅里叶反变换
hilbert	希尔伯特变换
conv	卷积

4.2.1　常用信号的 MATLAB 表示

1. 单位冲激信号

单位冲激函数 $\delta(t)$的定义为

$$\begin{cases}\int_{-\infty}^{\infty}\delta(t)\,\mathrm{d}t = 1 \\ \delta(t) = 0,\ t \neq 0\end{cases} \tag{4.6}$$

单位冲激序列$\delta(n)$的定义为

$$\begin{cases}\delta(n)=1,\ n=0 \\ \delta(n)=0,\ n\neq 0\end{cases} \tag{4.7}$$

单位冲激函数$\delta(t)$的实现方法实际上与单位冲激序列$\delta(n)$是完全相同的，都是用序列表示。

【例 4.1】 产生一个[－3，3]的单位冲激序列。

输入：

```
function [n, x] = delta(n1, n2, m)
%产生冲激序列 δ(n－m)，其中 n1≤m≤n2
n = n1:n2;
x = (n==m); %对元素做判断，当 n=m 时为 1；否则为 0
end
命令行窗口输入：
[n, x] = delta(－3, 3, 0);
stem(n, x);
```

单位冲激序列如图 4.1 所示。

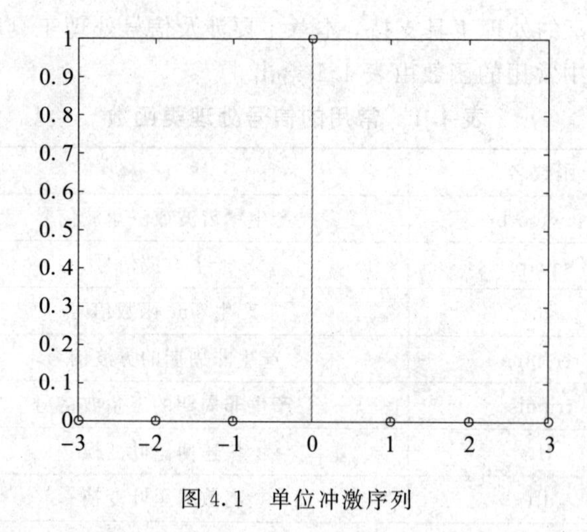

图 4.1 单位冲激序列

2. 单位阶跃信号

连续时间单位阶跃函数$u(t)$定义为

$$u(t)=\begin{cases}1,\ t>0 \\ 0,\ t\leqslant 0\end{cases} \tag{4.8}$$

离散时间单位阶跃信号$u(n)$定义为

$$u(n)=\begin{cases}1,\ n\geqslant 0 \\ 0,\ n<0\end{cases} \tag{4.9}$$

只要将前面冲激信号中的运算关系“=”改为“>”，就可以得到单位阶跃函数$u(t)$、单

位阶跃序列 $u(n)$。

【例 4.2】 产生[－4，5]的阶跃信号。

```
function [n, x] = stepseq(n1, n2, m)
n = n1:n2;
x = (n>=m); %对元素做判断，当 n>m 时为 1；否则为 0
end
```

输入：

```
[n, x] = stepseq(-4, 5, 0);
stem(n, x)
```

阶跃信号如图 4.2 所示。

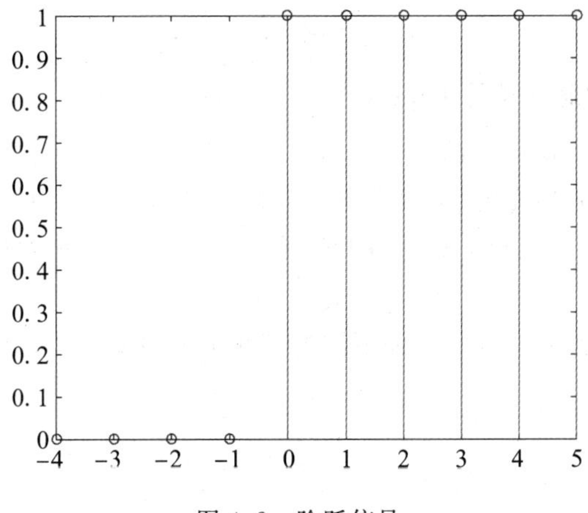

图 4.2　阶跃信号

4.2.2　工具箱中的信号产生函数

1. 周期性三角波或锯齿波函数 sawtooth

调用方法：x=sawtooth(t, width)。

功能：将产生一个周期为 2π，幅度在[－1，1]的周期性三角波信号。其中 width 表示最大幅度出现位置，范围在[0，1]之间，令 x＝sawtooth(kt, width)，则周期为 $2\pi/k$，sawtooth(t)等价于 sawtooth(t, 1)。

【例 4.3】 产生周期为 0.4 的三角波，width 取值分别为 0、1、0.5。

输入：

```
dt=1/1000; %dt 为时间间隔
t=0:dt:1;
x1=sawtooth(5*pi*t, 0);
x2=sawtooth(5*pi*t, 1);
x3=sawtooth(5*pi*t, 0.5);
subplot(311); plot(t, x1);
subplot(312); plot(t, x2);
subplot(313); plot(t, x3);
```

周期性三角波信号如图 4.3 所示。

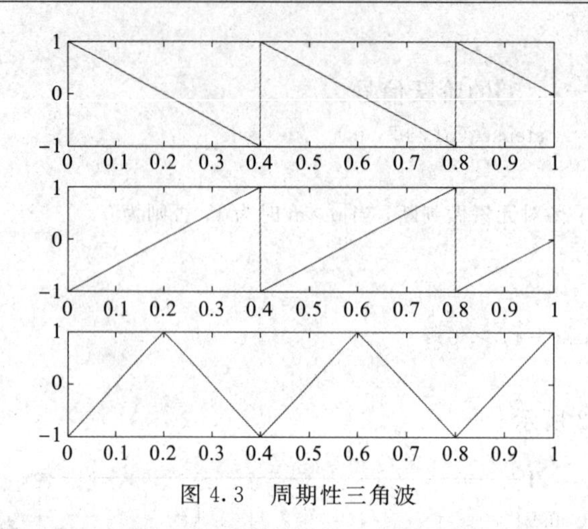

图 4.3　周期性三角波

2. 非周期性三角波脉冲信号 tripuls

调用格式：x=tripuls(t, $width$, $skew$)。

功能：产生一个最大幅度为1，宽度为 $width$，斜率为 $skew$ 的三角脉冲信号。以 $t=0$ 为中心左右展开 $width/2$ 范围，$skew$ 的范围为[−1, 1]，最大值位置位于 $width/2\times skew$ 处。

【例 4.4】 自己动手试着写出三种不同的三角波脉冲信号。

输入：

```
t=-6:0.001:6;
x1=tripuls(t, 4, 0);
x2=tripuls(t, 4, 0.5);
x3=tripuls(t+2, 4, 0.5);
subplot(131); plot(t, x1); axis([-4 4 0 1]); grid on;
subplot(132); plot(t, x2); axis([-4 4 0 1]); grid on;
subplot(133); plot(t, x3); axis([-4 4 0 1]); grid on;
```

非周期性三角波如图 4.4 所示。

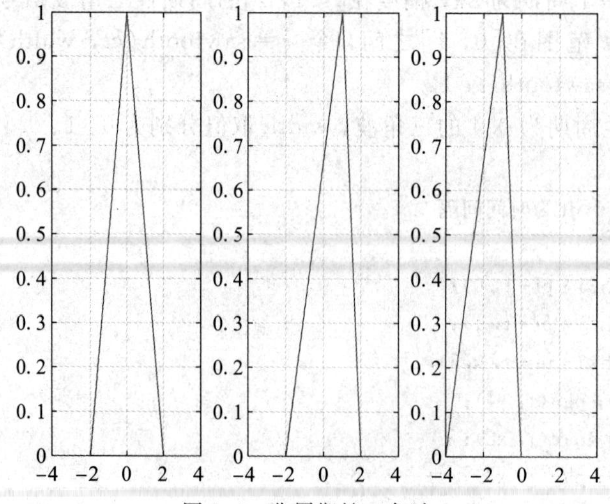

图 4.4　非周期性三角波

3. 周期性方波信号 square

调用格式：x=square(t, $duty$)。

功能：产生一个周期为 2π，幅度为 ±1 的周期方波信号。其中 $duty$ 表示占空比，即在信号的一个周期中正值所占的百分比。

【例 4.5】 产生频率为 30 Hz，占空比分别为 20%、50%、60%的周期性方波。

输入：

```
dt=1/10000; t=0:dt:1;
x1=square(2*pi*30*t, 20);
x2=square(2*pi*30*t, 50);
x3=square(2*pi*30*t, 60);
subplot(311); plot(t, x1); axis([0 0.2 -1.5 1.5]);
subplot(312); plot(t, x2); axis([0 0.2 -1.5 1.5]);
subplot(313); plot(t, x3); axis([0 0.2 -1.5 1.5]);
```

周期性方波如图 4.5 所示。

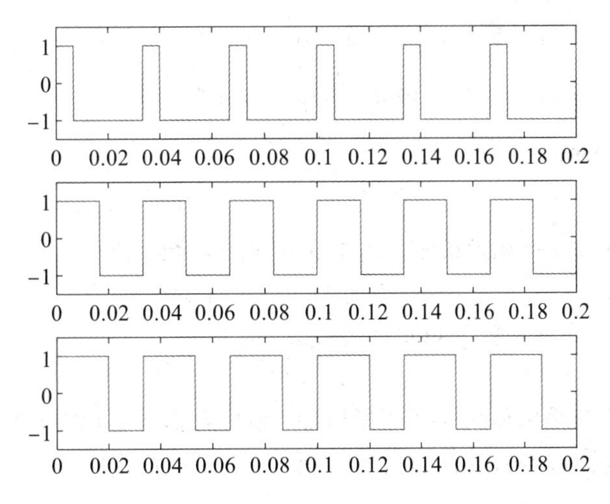

图 4.5　周期性方波

4. 非周期性矩形脉冲信号 rectpuls

调用格式：x=rectpuls(t, $width$)。

功能：产生一个高度为 1，宽度为 $width$，关于 $t=0$ 对称的方波信号(矩形脉冲信号、门信号)。该函数的横坐标范围由向量 t 决定，它是以 $t=0$ 为中心向左右扩展 $width/2$ 的范围。$width$ 的默认值为 1。

【例 4.6】 产生幅度为 1，宽度为 2，中心在 $t=0$ 的矩形波 $x(t)$，以及 $x(2t)$、$x(t-1)$。

输入：

```
dt=0.001;
t=-5:dt:5;
y1=rectpuls(t, 2);
y2=rectpuls(2*t, 2);
```

```
y3=1.5 * rectpuls(t-1, 4);
subplot(311); plot(t, y1); axis([-5 5 0 2]);
subplot(312); plot(t, y2); axis([-5 5 0 2]);
subplot(313); plot(t, y3); axis([-5 5 0 2]);
```

非周期性方波如图 4.6 所示。

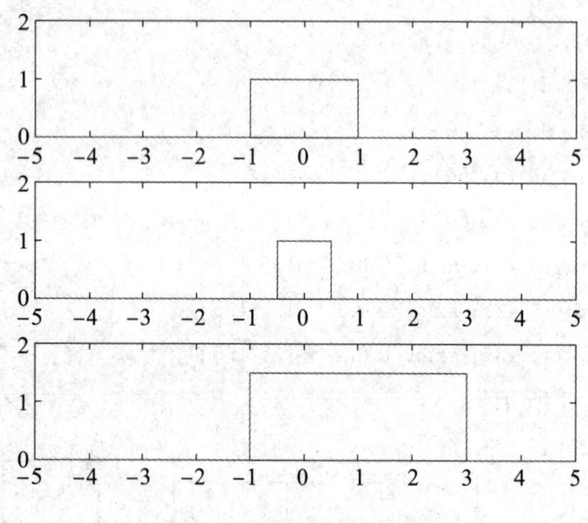

图 4.6 非周期性方波

5. Sa 函数信号 sinc

调用格式：sinc(x)。

功能：产生 $\sin(\pi t)/\pi t$ 函数波形，用于计算 sinc 函数，即

$$\text{sinc}(t)=\begin{cases}1 & t=0\\ \dfrac{\sin(\pi t)}{\pi t} & t\neq 0\end{cases} \tag{4.10}$$

sinc 函数的傅里叶变换是幅值为 1 的矩形脉冲，因此在信号处理中有重要作用。

【例 4.7】 生成 $x(t)=\text{Sa}(t)$函数信号，t 在[-6, 6]范围内取值。再观察比较 Sa(t-2)、Sa($2t$)的波形。

输入：

```
t=linspace(-6, 6); %生成包含-6 到 6 的 1 行 100 列的矩阵
x1=sinc(t);
x2=sinc(t-2);
x3=sinc(2 * t);
plot(t, x1, '-s');
hold on;
plot(t, x2, '- * ');
hold on;
plot(t, x3, '-o');
```

Sa 函数信号如图 4.7 所示。

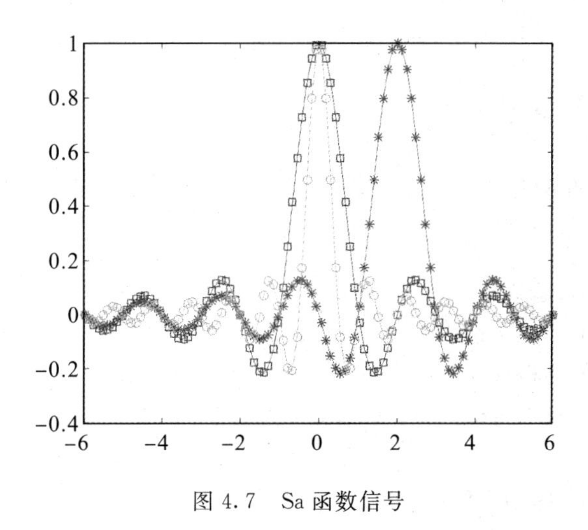

图 4.7　Sa 函数信号

4.3　信号的时域分析与 MATLAB 应用

在信号的传输与处理过程中往往需要对信号进行运算处理，信号的运算包括相加、相减、相乘、微分、积分、时移、反褶、卷积、尺度变换以及相关能量、功率等。而 MATLAB 中信号运算方法也包括数值计算法和符号计算法。

4.3.1　信号相加、相乘

两个离散信号 $x_1(n)$、$x_2(n)$相加或相乘是指对应时间的相乘或相加，数学描述为

$$y(n)=x_1(n)+x_2(n) \tag{4.11}$$

$$y(n)=x_1(n)\times x_2(n) \tag{4.12}$$

【例 4.8】 已知两个信号：[0.2，1.5，1，−1]与[1，2，3，4，5，6]，分别计算两个信号的和。

```
%%%%实现 f1 和 f2 相加的函数
function [f, k]=sigadd(f1, k1, f2, k2)
%f1, f2, k1, k2 是参加运算的信号向量及其时间向量
k=min(min(k1), min(k2)):max(max(k1), max(k2));
s1=zeros(1, length(k)); s2=s1;%信号初始化
s1=(find((k>=min(k1))&(k<=max(k1))==1))=f1;
s2=(find((k>=min(k2))&(k<=max(k2))==1))=f2;
fa=s1+s2; %信号相加
stem(k, f, 'fill');
axis([(min(min(k1), min(k2))-1), (max(max(k1), max(k2))+1), (min(f)-0.5),
    (max(f)+0.5)])
end
```

输入：

```
clear
clc
```

```
x0=[0.2, 1.5, 1, -1];
n0=-1:2;
x1=[1, 2, 3, 4, 5, 6];
n1=0:5;
[y1, n2] =sigadd(x1, n1, x0, n0);
subplot(3, 1, 1); stem(n0, x);
ylabel('x0'); axis[-1 6 -2 3];
subplot(3, 1, 2); stem[n1, x1];
ylabel('x1'); axis[-1 6 0 3]
subplot(3, 1, 3); stem(n2, y1);
ylabel('y1=x0+x1'); axis[-1 6 0 5];
xlabel('n');
```

信号相加结果如图 4.8 所示。

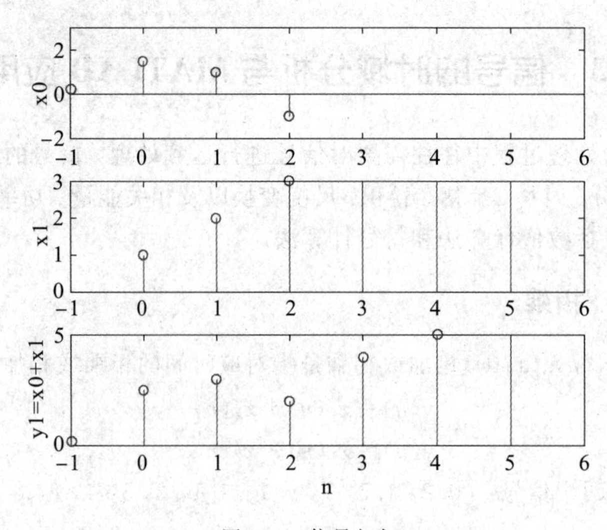

图 4.8 信号相加

4.3.2 信号时移

信号时移可以看作是将信号对应的时间向量平移，而每个时间点的信号幅值不变。若将信号左移 m 个单位，则时间向量都会减少 m 个单位；若将信号右移 m 个单位，则时间向量都会增大 m 个单位。

信号时移的 MATLAB 实现为

$$y=x$$

$$ny=nx+m$$

【例 4.9】 已知指数信号 $f(k)=(0.5)^k\varepsilon(k)$，分别绘出 $f(k)$、$f(k-2)$的波形图。

```
%实现信号时移的子函数
function [x, n]=sigshift(f, k, k0)
n=k+k0; %实现信号时移 x(k)=f(k-k0)
x=f;
end
```

输入：

```
k=0:5;
f=(0.5).^k;
[f1, k1]=sigshift(f, k, 2)      %调用子函数
subplot(2, 1, 1);
stem(k, f, 'fill');
title('f(k)');
xlabel('k');
axis([0 8 0 1]);
subplot(2, 1, 2);
stem(k1, f1, 'fill');
title('f(k-2)');
xlabel('k');
axis([0 8 0 1]);
```

信号时移如图 4.9 所示。

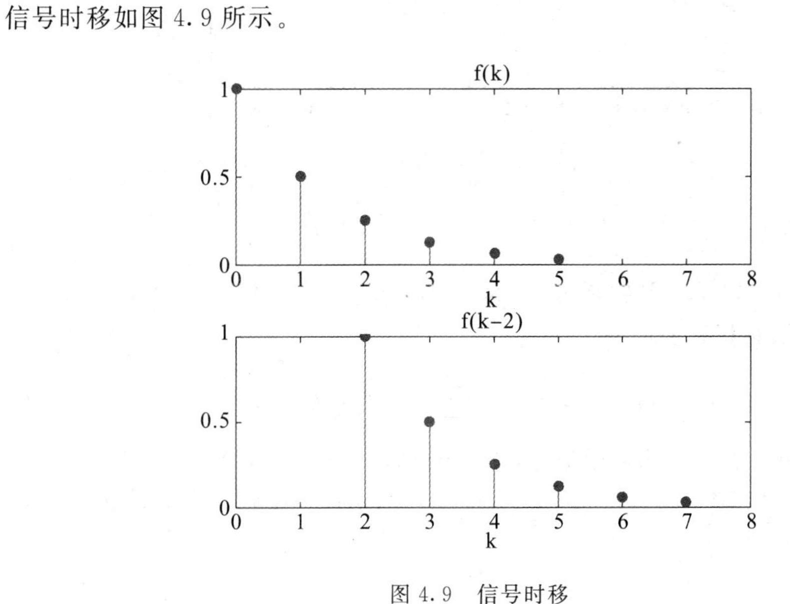

图 4.9　信号时移

4.3.3 信号翻褶

对于一个信号 $x(n)$ 的翻褶运算在数学上表示为

$$y(n)=x(-n) \tag{4.13}$$

【例 4.10】 将信号 $f(t)=3t$ 翻褶。

输入：

```
clear
clc
t=0: 0.1: 1;
x=3 * t;
f=fliplr(x);      %将信号进行翻褶
t1=-1: 0.1: 0;
```

```
grid on;
plot(t, x, '-^', t1, f, '-s');
title('信号的翻褶')
```

信号翻褶如图 4.10 所示。

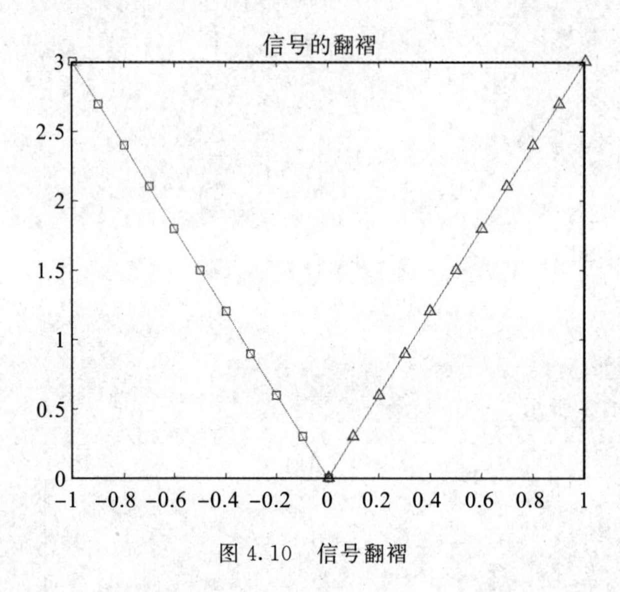

图 4.10 信号翻褶

4.3.4 信号卷积

两个信号卷积用 MATLAB 实现为 s=conv(f1, f2)。

两个信号的离散卷积和表示为

$$s = \mathrm{conv}(f_1, f_2) = \sum_{i=-\infty}^{\infty} f_1(i) f_2(k-i) \tag{4.14}$$

是离散卷积和。其中：f_1、f_2 为离散信号，$k=\cdots-2, -1, 0, 1, 2, \cdots$。

【例 4.11】 已知信号 $x(n)=\{1, 2, 3, 4, 5\}$，$h(n)=\{6, 2, 3, 6, 4, 2\}$，计算这两个信号的卷积。

输入：

```
clear
clc
N=5;
M=6;
L=N+M-1;
x=[1, 2, 3, 4, 5];
h=[6, 2, 3, 6, 4, 2];
y=conv(x, h);
nx=0:N-1;
nh=0:M-1;
ny=0:L-1;
subplot(3, 1, 1); stem(nx, x);
```

```
xlabel('n'); ylabel('x(n)');
subplot(3, 1, 2); stem(nh, h);
xlabel('n'); ylabel('h(n)');
subplot(3, 1, 3); stem(ny, y);
xlabel('n'); ylabel('y(n)');
```

信号卷积如图 4.11 所示。

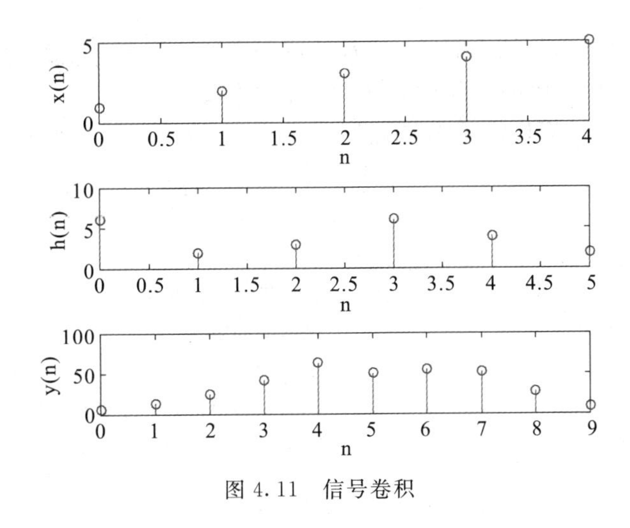

图 4.11　信号卷积

4.4　信号的频域分析与 MATLAB 应用

4.4.1　周期信号的傅里叶级数

周期信号为取值呈周期变化的信号，即 $f(t)=f(t+kT)$，k 为整数，T 称为信号的周期。一个正弦信号源即为一个典型的周期信号。如果周期信号在一个周期内可积，则可以通过傅里叶级数展开该周期信号。

傅里叶展开式如下：

$$f(t)=\sum_{n=-\infty}^{\infty}F_n \mathrm{e}^{\mathrm{j}2\pi n f_s t}$$

$$F_n=\begin{cases}\dfrac{1}{T}\displaystyle\int_0^T f(t)\mathrm{e}^{-2\pi n f_s t}\mathrm{d}t & n\neq 0\\ \dfrac{1}{T}\displaystyle\int_0^T f(t)\mathrm{d}t & n=0\end{cases} \tag{4.15}$$

其中：T 为周期信号的最小周期，$f_s=1/T$；F_n 为傅里叶展开系数，其物理意义为频率分量 nf_s 的幅度和相位。

【例 4.12】 设周期信号的一个周期波形为 $f(t)=\begin{cases}1 & 0\leqslant t<T/2\\ -1 & T/2\leqslant t<T\end{cases}$，求该周期信号的傅里叶级数展开解析式，并用 MATLAB 画出傅里叶级数展开后的波形。

$$F_0=0$$

$$
\begin{aligned}
F_n &= \frac{1}{T}\int_0^T f(t)\mathrm{e}^{-\mathrm{j}2\pi n f_s t}\mathrm{d}t \\
&= \frac{1}{T}\left(\int_0^{T/2}\mathrm{e}^{-\mathrm{j}2\pi n f_s t}\mathrm{d}t - \int_{T/2}^{T}\mathrm{e}^{-\mathrm{j}2\pi n f_s t}\mathrm{d}t\right) \\
&= \frac{1}{T}\left(\frac{\mathrm{e}^{-\mathrm{j}\pi t}-1}{-\mathrm{j}2\pi n f_s} - \frac{1-\mathrm{e}^{-\mathrm{j}\pi n}}{-\mathrm{j}2\pi n f_s}\right) = \frac{\sin(n\pi/2)}{n\pi/2}\mathrm{e}^{-\mathrm{j}n\pi/2} \\
&= \mathrm{sinc}(n/2)\mathrm{e}^{-\mathrm{j}n\pi/2}
\end{aligned}
$$

由傅里叶级数展开式表明，信号可以展开成一系列频率为 $1/T$ 整数倍的正弦、余弦信号的加权叠加，其中相应的频率分量加权系数即为 F_n。

【例 4.13】 采用 MATLAB 程序画出例 4.12 中 F_n 取 $2N+1$ 项近似式的波形($N=100$)。

输入：

```
close all;
clear all;
N=100;                                  %取展开式的项数为 2N+1
T=1;                                    %时间间隔为 1s
fs=1/T;
N_sample=128;                           %为了画出波形，设置每个周期的采样点数为 2^n
dt=T/N_sample;                          %采样单位间隔
t=0:dt:10*T-dt;
n=-N:N;
Fn=sinc(n/2).*exp(-j*n*pi/2);           %点乘，维度一致
Fn(N+1)=0;
ft=zeros(1, length(t));
for m=-N:N
    ft=ft+Fn(m+N+1)*exp(j*2*pi*m*fs*t);
end
plot(t, ft)
```

傅里叶级数展开波形如图 4.12 所示。

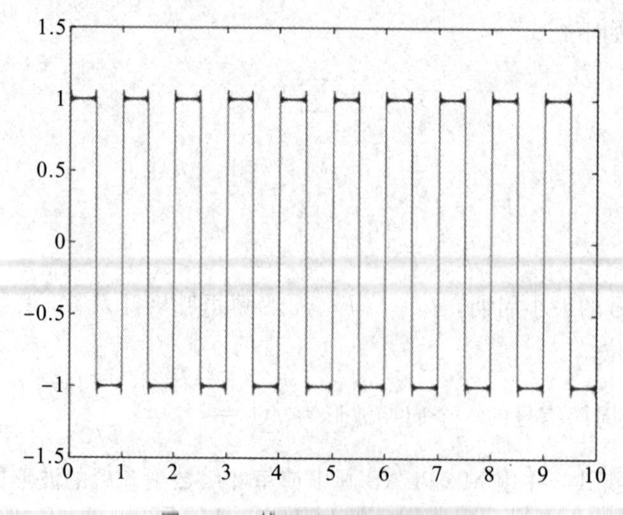

图 4.12 傅里叶级数展开波形

4.4.2 傅里叶变换与傅里叶反变换

对于非周期信号，如果满足一定可积的条件，则可以用傅里叶变换对非周期信号进行频域分析。信号的傅里叶变换与反变换如下式：

$$S(f)=\int_{-\infty}^{\infty}s(t)\mathrm{e}^{-\mathrm{j}2\pi ft}\mathrm{d}t \Leftrightarrow s(t)=\int_{-\infty}^{\infty}S(f)\mathrm{e}^{\mathrm{j}2\pi ft}\mathrm{d}f \tag{4.16}$$

其中，$S(f)$称为信号$s(t)$的傅里叶变换，它表示了信号$s(t)$的频谱特性。

【例4.14】 设信号波形为$s(t)=\begin{cases}1 & 0\leqslant t<T/2\\ -1 & T/2\leqslant t<T\end{cases}$，求该信号的傅里叶变换$S(f)$。

$$\begin{aligned}S(f)&=\int_{0}^{T/2}\mathrm{e}^{-\mathrm{j}2\pi ft}\mathrm{d}t-\int_{T/2}^{T}\mathrm{e}^{-\mathrm{j}2\pi ft}\mathrm{d}t\\&=\frac{\mathrm{e}^{-\mathrm{j}\pi fT}-1}{-\mathrm{j}2\pi f}-\frac{\mathrm{e}^{-\mathrm{j}2\pi fT}-\mathrm{e}^{-\mathrm{j}\pi fT}}{-\mathrm{j}2\pi f}\\&=\mathrm{e}^{-\mathrm{j}\pi fT/2}\frac{\sin(\pi fT/2)}{\pi f}(1-\mathrm{e}^{-\mathrm{j}\pi fT})\\&=\mathrm{j}\frac{\pi f}{2}T^2\mathrm{e}^{-\mathrm{j}\pi fT}\frac{\sin^2(\pi fT/2)}{(\pi fT/2)^2}\\&=\mathrm{j}\frac{\pi f}{2}T^2\mathrm{e}^{-\mathrm{j}\pi fT}\mathrm{sinc}^2(fT/2)\end{aligned}$$

【例4.15】 利用离散傅里叶变换(DFT)计算信号$s(t)$的傅里叶变换。

设一个信号$s(t)$经过等间隔采样后，得到序列$\{s_n,n=0,1,2,\cdots,N-1\}$，$s_n=s(n\Delta t)$，序列$s_n$的DFT变换为

$$S_k=\sum_{n=0}^{N-1}s_n\mathrm{e}^{-\mathrm{j}\frac{2\pi}{N}nk}\quad(k=0,1,2,\cdots,N-1)$$

$s(t)$在一段时间$[0,T]$内的傅里叶变换为

$$\begin{aligned}S(f)&=\int_{0}^{T}s(t)\mathrm{e}^{-\mathrm{j}2\pi ft}\mathrm{d}t\\&=\lim_{N\to\infty}\sum_{n=0}^{N-1}s(n\Delta t)\mathrm{e}^{-\mathrm{j}2\pi fn\Delta t}\Delta t\\&\xlongequal{\Delta t=T/N}\lim_{N\to\infty}\frac{T}{N}\sum_{n=0}^{N-1}s(n\Delta t)\mathrm{e}^{-\mathrm{j}\frac{2\pi}{N}nfT}\\&=\lim_{N\to\infty}\frac{T}{N}\sum_{n=0}^{N-1}s_n\mathrm{e}^{-\mathrm{j}\frac{2\pi}{N}nfT}\end{aligned}$$

如果对$S(f)$也进行等间隔采样，且采样间隔为$\Delta f=1/T$，则频率范围为$[0,(N-1)\Delta f]$，采样信号为

$$S(k\Delta f)=\lim_{N\to\infty}\frac{T}{N}\sum_{n=0}^{N-1}s_n\mathrm{e}^{-\mathrm{j}\frac{2\pi}{N}nk}=\lim_{N\to\infty}\frac{T}{N}S_k\quad(k=0,1,2,\cdots,N-1) \tag{4.17}$$

因此，从上述关系可以看到，离散采样信号的DFT与在一段时间内该信号傅里叶变换的采样成正比，由于$S_k=S_{k+m*N}$，因此信号频谱的幅值部分可以通过平移得到。

由于只取了信号的一段区间进行采样，因此通过上述计算得到的信号频谱并非真正的信号频谱，而是信号加了一个时间窗口后的频谱。当信号是随着时间衰减的情况或时限信

号，只要时间窗足够长，就可以通过这种方法获得信号的近似频谱。另外一个问题是，时限信号的频谱无限宽，采样后的频谱相当于将该频谱按采样频率间隔搬移叠加的结果，这势必造成频谱混叠。因此由 DFT 计算的信号频谱精度依赖于信号、采样的时间间隔和时间窗的大小。一般而言，采样时间间隔小的情况下时限信号能获得较为精确的信号频谱。

【例 4.16】 利用 DFT 计算信号的频谱，并与信号的真实频谱的采样比较。

```
%%%% 编写函数 T2F，计算信号的快速傅里叶变换
function [f, sf]=T2F(t, st)
dt=t(2)-t(1);
T=t(end);
df=1/T;
N=length(st);
f=-N/2*df:df:N/2*df-df;
sf=fft(st);
sf=T/N*fftshift(sf);

%%%%编写函数 F2T，计算信号的傅里叶反变换
function [t, st]=F2T(f, sf)
df=f(2)-f(1);
Fmx=(f(end)-f(1)+df);
dt=1/Fmx;
N=length(sf);
T=dt*N;
%t=-T/2:dt:T/2-dt;
t=0:dt:T-dt;
sff=fftshift(sf);
st=Fmx*ifft(sff);
```

输入：

```
%方波的傅里叶变换 fb_spec.m
clear all;
close all;
T=1;
N_sample=128*0.5;
dt=T/N_sample;
t=0:dt:T-dt;
st=[ones(1, N_sample/2), -ones(1, N_sample/2)];     %方波一个周期
subplot(311);
plot(t, st); grid on;
axis([0 1 -2 2]);
xlabel('t');
ylabel('s(t)');
subplot(312);
[f, sf]=T2F(t, st);
```

```
plot(f, abs(sf), 'g--'); grid on; hold on;
axis([-10 10 0 1]);
xlabel('f');
ylabel('|S(f)|');
%根据傅里叶变换计算得到的信号频谱相应位置的采样值
sff=T^2 * j * pi * f * 0.5. * exp(-j * 2 * pi * f * T). * sinc(f * T * 0.5). * sinc(f * T * 0.5);
plot(f, abs(sff), 'r-'); grid on; hold off;
[t1, st1]=F2T(f, sf);
subplot(313)
plot(t1, st1);
axis([0 1 -2 2]);
xlabel('ifft');
grid on;
```

方波的傅里叶变换与反变换如图 4.13 所示。

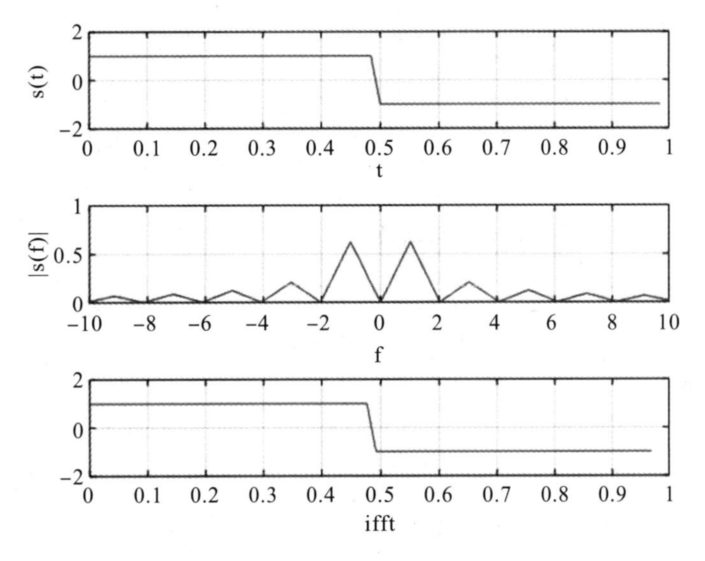

图 4.13　方波的傅里叶变换与反变换

4.5　希尔伯特变换与解析信号

4.5.1　希尔伯特变换及其性质

在信号处理领域，一个信号 $s(t)$的希尔伯特变换 $\hat{s}(t)$是将信号 $s(t)$与$1/\pi t$ 做卷积，以得到 $\hat{s}(t)$。因此，希尔伯特变换结果 $\hat{s}(t)$可以被解读为输入是 $s(t)$的线性时不变系统的输出，而此系统的脉冲响应为 $1/\pi t$。

信号的希尔伯特变换定义为如下数学变换对：

$$\hat{s}(t) = x(t) * \frac{1}{\pi t} = \frac{1}{\pi}\int_{-\infty}^{\infty} \frac{s(\tau)}{t-\tau}\mathrm{d}\tau \Leftrightarrow s(t) = -\frac{1}{\pi}\int_{-\infty}^{\infty} \frac{\hat{s}(\tau)}{t-\tau}\mathrm{d}\tau \tag{4.18}$$

根据信号卷积后的傅里叶变换关系，可得到：

$$\mathscr{F}[\hat{s}(t)]=\mathscr{F}[s(t)]\mathscr{F}\left[\frac{1}{\pi t}\right] \tag{4.19}$$

而

$$\mathscr{F}^{-1}[\mathrm{sgn}(f)]=\mathrm{j}\,\frac{1}{\pi t} \tag{4.20}$$

$$H(f)=\mathscr{F}\left[\frac{1}{\pi t}\right]=-\mathrm{j}\,\mathrm{sgn}(f)=\begin{cases}-\mathrm{j} & f>0\\ \mathrm{j} & f<0\\ 0 & f=0\end{cases} \tag{4.21}$$

因此，信号经过希尔伯特变换后的频谱关系为

$$\mathscr{F}[\hat{s}(t)]=-\mathrm{j}\,\mathrm{sgn}(f)\mathscr{F}[s(t)] \tag{4.22}$$

即，信号经过希尔伯特变换，相当于对信号的正频率分量移项$-90°$，负频率分量移项$90°$。如图4.14所示，可以将希尔伯特变换等效成一个冲激响应$h(t)=1/\pi t$的线性系统。

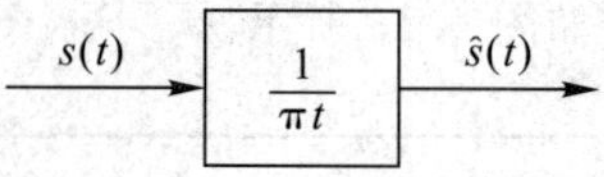

图4.14 希尔伯特变换等效成一个线性系统

冲激响应为$h(t)=1/\pi t$的线性时不变系统，常称为希尔伯特滤波器。希尔伯特变换的性质如下：

(1) 奇偶性：$f(t)$与$\hat{f}(t)$互为奇偶函数。

(2) 正交性：

$$\int_{-\infty}^{\infty} f(t)\hat{f}(t)\mathrm{d}t = 0$$

(3) 等能量性：

$$\int_{-\infty}^{\infty} f^2(t) = \int_{-\infty}^{\infty} [\hat{f}(t)]^2$$

4.5.2 解析信号及等效基带信号

1. 解析信号

表示复信号$z(t)$的最简单的方法是用所给定的实信号$s(t)$作其实部，再另外构造一个"虚拟信号"$x(t)$作其虚部，即$z(t)=s(t)+\mathrm{j}x(t)$。

若将$z(t)$写作极坐标形式：$z(t)=a(t)\mathrm{e}^{\mathrm{j}\varphi(t)}$，则有

$$\begin{cases}a(t)=\sqrt{s^2(t)+x^2(t)}\\ \phi(t)=\arctan\left[\dfrac{x(t)}{s(t)}\right]\end{cases} \tag{4.23}$$

$a(t)$称为复信号的瞬时幅值，$\phi(t)$称为瞬时相位，可知$a(t)\geqslant|s(t)|$，这表明代表$a(t)$的曲线"包着"$|s(t)|$代表的曲线，所以将$a(t)$称作包络。

解析信号只有正频率成分，如果一个信号只有正频率部分，则这个信号是解析信号，即它是一个复信号，虚部是实部的希尔伯特变换。

定义一个信号$f(t)$的解析信号为

$$z(t)=f(t)+\mathrm{j}\hat{f}(t) \tag{4.24}$$

则

$$\begin{aligned} z(f)&=F(f)+\mathrm{j}(-\mathrm{j}\operatorname{sgn}(f))F(f)=F(f)(1+\operatorname{sgn}(f)) \\ &=2F(f)U(f) \end{aligned} \tag{4.25}$$

即解析信号是信号 $f(t)$ 频谱的右半轴对应信号的两倍。

2. 带通信号的等效基带表示

带通信号是指信号的频谱位于某个中心频率附近的信号，设信号 $f(t)$ 为基带信号，则典型的带通信号为 $f(t)\cos w_c t$。

将带通信号的解析信号频谱向左平移至中心频率为0，则经过此处理后信号变成基带信号，该基带信号与带通信号具有某种关系(频谱形状不变)，称为该带通信号的等效基带信号。设带通信号 $s(t)$，其中心频率为 f_c，则该带通信号的解析信号为

$$z(t)=s(t)+\mathrm{j}\hat{s}(t) \tag{4.26}$$

经过平移至零频率后得到

$$\begin{cases} s_L(t)=z(t)\mathrm{e}^{-\mathrm{j}2\pi f_c t}=s_r(t)+\mathrm{j}s_c(t) \\ z(t)=s_L(t)\mathrm{e}^{\mathrm{j}2\pi f_c t}=s(t)+\mathrm{j}\hat{s}(t) \end{cases} \tag{4.27}$$

所以

$$\begin{aligned} s(t)&=s_r(t)\cos 2\pi f_c t-s_c(t)\sin 2\pi f_c t=\operatorname{Re}[s_L(t)\mathrm{e}^{\mathrm{j}2\pi f_c t}] \\ \hat{s}(t)&=s_r(t)\sin 2\pi f_c t+s_c(t)\cos 2\pi f_c t=\operatorname{Im}[s_L(t)\mathrm{e}^{\mathrm{j}2\pi f_c t}] \end{aligned} \tag{4.28}$$

可以看到，带通信号可以通过等效基带信号乘上中心频率载波的实部来表示；带通信号的希尔伯特变换可以通过等效基带信号乘上中心频率载波的虚部来表示。

MATLAB中的相关函数如下：

(1) x = hilbert(xr)从实际数据序列xr返回分析信号x。如果xr是矩阵，则hilbert找到对应于每列的分析信号。

(2) x = hilbert(xr, n)使用n点快速傅里叶变换(FFT)来计算希尔伯特变换。根据需要，输入数据被填零或截短为长度n。

(3) Y = fft(X)用快速傅里叶变换(FFT)算法计算X的离散傅里叶变换(DFT)。

① 若X是向量，则fft(X) 返回该向量的傅里叶变换。

② 若X是矩阵，则fft(X) 将X的各列视为向量，并返回每列的傅里叶变换。

③ 若X是一个多维数组，则fft(X) 将沿大小不等于1的第一个数组维度的值视为向量，并返回每个向量的傅里叶变换。

【例4.17】 求出 $\sin(2\pi ft)$ 的解析信号，信号频率是150 Hz，采样频率是它的4倍。

输入：

```
f=150;
fs=4*f;
t=0:1/fs:1;
sy=sin(2*pi*f*t);
y=hilbert(sy);
N=length(t);
plot(t(1:50), real(y(1:50)), '-k', t(1:50), imag(y(1:50)), '--k');
```

```
grid on;
axis([0 0.09 -1.6 1.6]);
hold on;
plot(t(1:50), sy(1:50), '*k');
hold off;
legend('解析信号实部','解析信号虚部','原实信号');
```

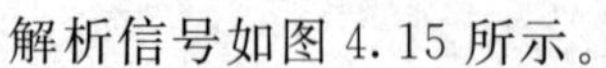
解析信号如图 4.15 所示。

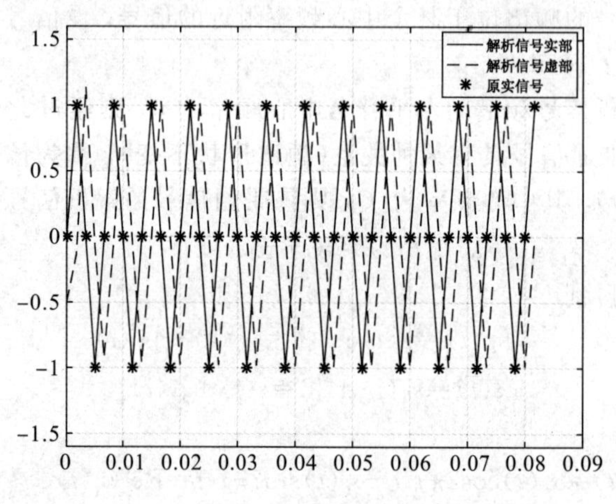

图 4.15 解析信号

【例 4.18】 信号 $x(t)=e^{-10|t-5|}\cos(2\pi\times 20t)$，$0\leqslant t\leqslant 10$，试求：

(1) 画出该信号的时域波形和它的幅度谱。

(2) 求该信号的解析信号，并画出解析信号的幅度谱。

输入：

```
ts=0.01;
fs=1/ts;
t=0:ts:10;
df=fs/length(t);
f=-50:df:50-df;
x=exp(-10*abs(t-5)).*cos(2*pi*20*t);
X=fft(x)/fs;

xa=hilbert(x);
Xa=fft(xa)/fs;
subplot(211); plot(t, x, 'k');
title('信号 x'); xlabel('时间 t');
subplot(212); plot(f, fftshift(abs(X)), 'k');
title('信号 x 幅度谱'); xlabel('频率 f');


figure
subplot(211); plot(t, abs(xa), 'k');
title('信号 xa 包络'); xlabel('时间 t');
```

```
subplot(212); plot(f, fftshift(abs(Xa)), 'k');
title('信号 xa 幅度谱'); xlabel('频率 f');
```

信号与解析信号及其幅度谱的表示如图 4.16 所示。

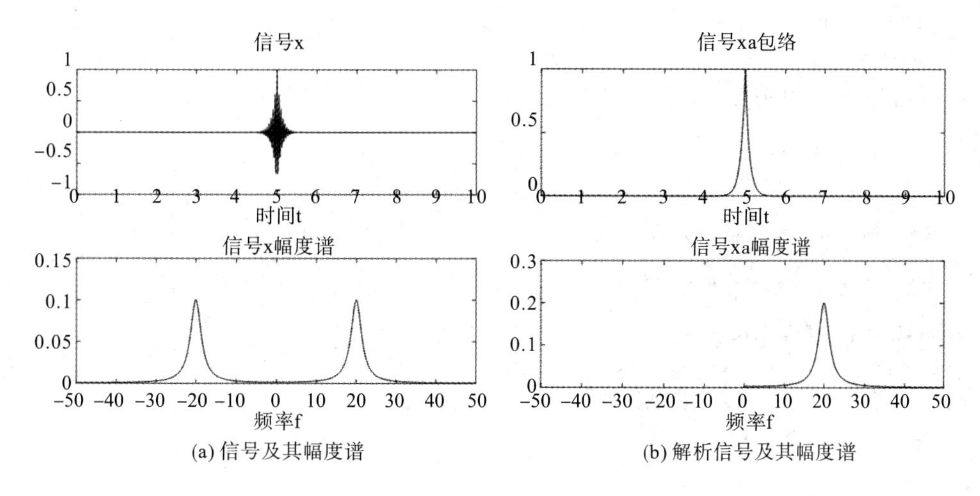

(a) 信号及其幅度谱　　(b) 解析信号及其幅度谱

图 4.16　信号与解析信号及其幅度谱的表示

因为该信号的载波频率为 20 Hz，所以选取采样时间间隔 $t_s=0.01$ s，对应的采样频率 $f_s=1/t_s=100$ Hz。程序的第 4 行是确定 DFT 的频率分辨率；第 5 行是生成频率矢量，它用在画图中；第 6 行是生成信号；第 7 行是求信号的频谱，因为原始信号 $x(t)$是模拟信号，根据采样定理，需要在计算出的 FFT 值后除以 f_s 才能得到原模拟信号的 Fourier 变换。

【例 4.19】　有实信号 $s(t)=\sin 2\pi f_1 t\cdot\cos 2\pi f_2 t$，$f_1=10$ Hz，$f_2=2$ Hz。

(1) 求 $s(t)$的解析信号 $z(t)$；

(2) 用 MATLAB 画出 $z(t)$的实部、虚部、包络；

(3) 用 MATLAB 画出 $z(t)$的相位。

输入：

```
f1 = 10;
f2 = 2;
fs = max(f1, f2) * 6;
dt = 1/fs;
N = 128;
t = 0:dt:(N-1) * dt;
y = sin(2 * pi * f1 * t). * cos(2 * pi * f2 * t);

z = hilbert(y);              %求解析信号
z1 = real(z);                %实部
z2 = imag(z);                %虚部
a = sqrt(z1.^2+z2.^2);
figure();
plot(t, z1, 'k:*', t, z2, 'b-.x', t, a, 'g-', t, -a, 'g-');
%axis([0, 0.5 * pi, -1, 1]);
legend('实部', '虚部', '包络');
```

```
phi = atan(z2./z1);          %arctan
figure();
plot(t, phi);
legend('相位');
```

解析信号 $z(t)$的实部、虚部、包络和相位如图 4.17 所示。

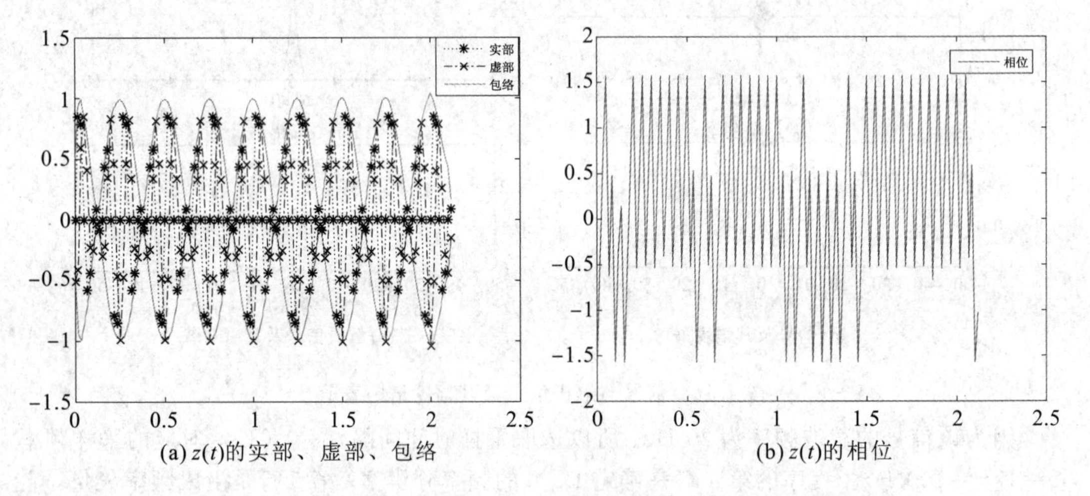

图 4.17　解析信号 $z(t)$的实部、虚部、包络和相位

4.6　能量谱密度和功率谱密度

4.6.1　信号的能量、功率及自相关

在 4.1 节中我们对能量信号和功率信号有了一定的了解，按其定义来说，若信号能量

$$E=\int_{-\infty}^{\infty}|s(t)|^2\mathrm{d}t \tag{4.29}$$

存在，则称该信号为能量信号，若信号的能量不存在(无穷大)，但其功率

$$P_s=\lim_{T\to\infty}\frac{1}{T}\int_{-T/2}^{T/2}|s(t)|^2\mathrm{d}t \tag{4.30}$$

存在，则称该信号为功率信号。

能量信号——能量为有限正值，但平均功率为零。

功率信号——平均功率为有限正值，但能量为无穷大。

信号的自相关定义为

$$R_s(\tau)=\int_{-\infty}^{\infty}s(t)^*s(t+\tau)\mathrm{d}t \tag{4.31}$$

其中，$s(t)^*$ 表示信号 $s(t)$的复共轭信号。

4.6.2　能量信号的能量谱密度

能量信号的能量计算公式为

$$E_s=\int_{-\infty}^{\infty}|s(t)|^2\mathrm{d}t\approx\lim_{T\to\infty}\int_0^T|s(t)|^2\mathrm{d}t \tag{4.32}$$

对信号 $s(t)$ 采样得到 $s_n=s(n\cdot\Delta t)$，代入上式有：

$$E_s=\lim_{N\to\infty}\sum_{n=1}^{N}|s_n|^2\cdot\Delta t \tag{4.33}$$

其中，$\Delta t=T/N$。Δt 默认为 1 时，E=sum(abs(s).^2)；当 Δt 不为 1 时，E=sum(abs(s).^2)*dt。

根据巴塞伐尔(能量守恒)定理，信号在时域上的能量等于频域上的能量，即

$$E=\int_{-\infty}^{\infty}s^2(t)\mathrm{d}t=\int_{-\infty}^{\infty}|S(f)|^2\mathrm{d}f \tag{4.34}$$

其中，$S(f)$ 为 $s(t)$ 的频谱密度，$|S(f)|^2$ 为 $s(t)$ 的能量谱密度。$|S(f)|^2$ 表示在频率 f 处宽度为 $\mathrm{d}f$ 频带内的信号能量，或者表示单位频带内的信号能量。

因此，$|S(f)|^2$ 在频率轴上的积分等于信号能量，可以将 $|S(f)|^2$ 看成是信号的能量谱密度，表示能量随频率的分布。由此也可以看到，能量信号的自相关与其能量谱密度是一对傅里叶变换对。

4.6.3 功率信号的功率谱密度

由于功率信号通常能量为无限大，因此定义功率信号的截断函数为

$$s_T(t)=\begin{cases}s(t) & t\leqslant|T/2|\\ 0 & 其他\end{cases} \tag{4.35}$$

则截断信号为能量信号，因此其能量谱密度与自相关是傅里叶变换对的关系，即

$$\mathscr{F}[R_T(\tau)]=|S_T(f)|^2 \tag{4.36}$$

其中

$$R_T(\tau)=\int_{-\infty}^{\infty}s_T(t)^*s_T(t+\tau)\mathrm{d}t \tag{4.37}$$

$$S_T(f)=\mathscr{F}[s_T(\tau)] \tag{4.38}$$

若信号的平均自相关

$$R_s(\tau)=\lim_{T\to\infty}\frac{1}{T}\int_{-T/2}^{T/2}s(t)^*s(t+\tau)\mathrm{d}t=\lim_{T\to\infty}\frac{R_T(\tau)}{T} \tag{4.39}$$

存在，则信号的平均自相关与功率谱密度是一对傅里叶变换对。可以看到，信号功率谱密度可以通过求其频谱的模平方被时间平均而得到。

功率信号的功率计算公式为

$$P=\lim_{T\to\infty}\frac{1}{T}\int_{-T/2}^{T/2}|s(t)|^2\mathrm{d}t\approx\frac{1}{T}\sum_{n=1}^{N}|s_n|^2\cdot\Delta t \tag{4.40}$$

将 $\Delta t=T/N$ 带入得到：

$$P=\frac{1}{N}\sum_{n=1}^{N}|s_n|^2 \tag{4.41}$$

在 MATLAB 中表示为 P = sum(abs(s).^2)/N。

信号的功率谱密度表示为

$$P(f)=\lim_{T\to\infty}\frac{1}{T}|S_T(f)|^2 \tag{4.42}$$

信号功率也可以表示为

$$P=\lim_{T\to\infty}\frac{1}{T}\int_{-T/2}^{T/2}|S_T(f)|^2\mathrm{d}f=\int_{-\infty}^{\infty}P(f)\mathrm{d}f \tag{4.43}$$

【例 4.20】 已知信号 $s_1(t)=\mathrm{e}^{-5t}U(t)\cos20\pi t$、$s_2(t)=U(t)\cos20\pi t$，说明信号类型，并用 MATLAB 画出其波形，求其相应的功率或能量。

易知，$s_1(t)$是能量信号，$s_2(t)$是功率信号，其相应的能量和功率计算如下：

$$E_1=\int_{-\infty}^{\infty}s_1^2(t)\mathrm{d}t$$

$$P_2=\lim_{T\to\infty}\frac{1}{T}\int_{-T/2}^{T/2}s_2^2(t)\mathrm{d}t$$

```
%信号的能量计算或功率计算，sig_pow.m
clear all;
close all;
dt=0.01;
t=0:dt:5;
s1=exp(-5*t).*cos(20*pi*t);
s2=cos(20*pi*t);
E1=sum(s1.*s1)*dt;                 %s1(t)的信号能量
P2=sum(s2.*s2)*dt/(length(t)*dt);      %t(end)      %s(2)的信号功率
[f1 s1f]=T2F(t, s1);
[f2 s2f]=T2F(t, s2);
df=f1(2)-f1(1);
E1_f=sum(abs(s1f).^2)*df;          %s(1)的能量，用频域方法计算
df=f2(2)-f2(1);
T=t(end);
P2_f=sum(abs(s2f).^2)*df/T;        %s2(t)的功率，用频域方式计算

figure(1);
subplot(211);
plot(t, s1, 'k-', 'linewidth', 1.5);
axis([0 2 -1 1]); grid on;
xlabel('t'); ylabel('s1(t)');
title('s1(t)的波形');
subplot(212);
plot(t, s2, 'k-', 'linewidth', 1.5);
axis([0 2 -1 1]); grid on;
xlabel('t');
ylabel('s2(t)');
title('s2(t)的波形');
'第一个信号的能量为'
[E1 E1_f]
'第二个信号的功率为'
[P2, P2_f]
```

输入：

```
>> sig_pow
ans =
第一个信号的能量为
ans =
    0.0554    0.0553
ans =
第二个信号的功率为
ans =
0.5010    0.5010
```

信号的功率和能量波形如图 4.18 所示。

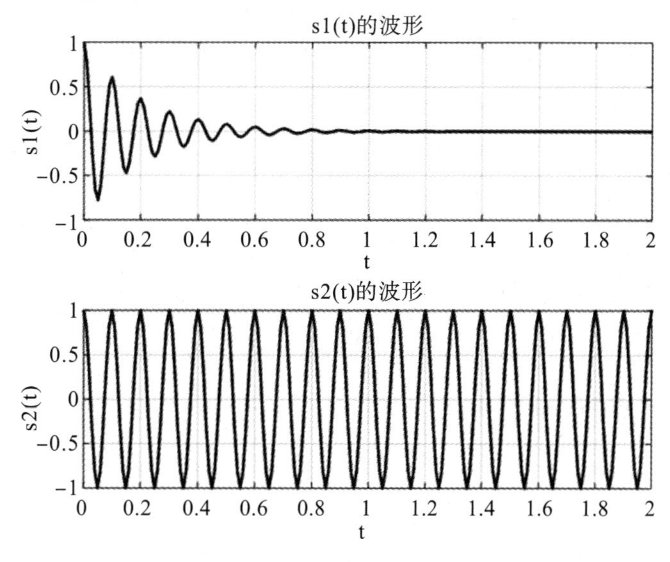

图 4.18　信号的功率和能量波形

计算得到信号 $s_1(t)$的能量为 0.0554 W，$s_2(t)$的功率为 0.501 J(注：由于 T 在实际仿真中不可能取无穷，因此上述结果存在误差)。

【例 4.21】　有信号 $s_1(t)=\mathrm{e}^{-6t}\cos 10\pi t$、$s_2(t)=\cos 10\pi t$。

(1) 画出信号的时域波形；

(2) 求功率信号的功率和能量信号的能量；

(3) 画出功率信号的功率谱密度图和能量信号的能量谱密度图。

对于信号 $s_1(t)$，能量$\int_{-\infty}^{\infty} {s_1}^2(t)\mathrm{d}t$ 是有限的，因此信号 $s_1(t)$ 是能量信号，信号 $s_2(t)$ 是功率信号。

输入：

```
fs = 100;
dt = 1/fs;
t = 0:dt:5;
T = t(end);
s1 = exp(-6 * t). * cos(10 * pi * t);             %能量信号
```

```
s2 = cos(10 * pi * t);                          %功率信号
subplot(2, 1, 1);
plot(t, s1, 'r');
title('s1(t)的时域波形');
subplot(2, 1, 2);
plot(t, s2, 'b');
title('s2(t)的时域波形');

E = sum(abs(s1).^2) * dt
P = sum(abs(s2).^2)/length(t)


figure();
[f1, s1f] = T2F(t, s1);
[f2, s2f] = T2F(t, s2);
Ef = abs(s1f).^2;
Pf = abs(s2f).^2/T;
subplot(2, 1, 1);
plot(f1, Ef, 'r');
title('s1(t)的能量谱密度');
subplot(2, 1, 2);
plot(f2, Pf, 'b');
title('s2(t)的功率谱密度');
```

输出：

```
E =
    0.0554
P =
    0.5010
```

信号时域波形、功率谱密度和能量谱密度如图 4.19 所示。

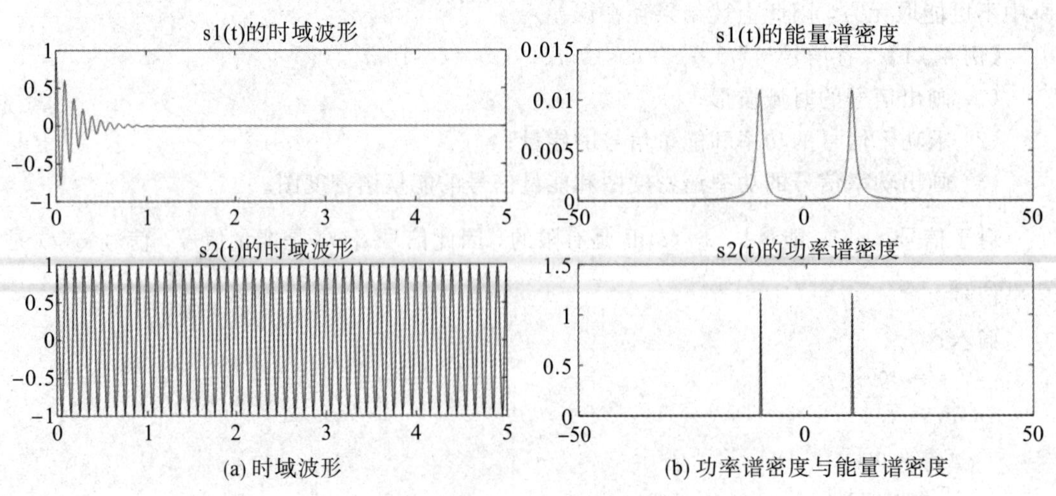

图 4.19 信号时域波形、功率谱密度和能量谱密度

本章小结

本章主要介绍信号的处理和分析，主要包括信号的能量、功率、自相关系数、频谱、带宽等基本特性；信号的傅里叶变换、希尔伯特变换等常用变换方法。4.3 和 4.4 节是本章的重点内容，分别是信号的时域分析和频域分析。本章涉及大量信号与系统学科内容，理论与实践并重，实用性强。

习　题

1. 产生频率为 10 Hz，功率为 1 的正弦信号，应用 MATLAB 编程绘出信号的频谱。

2. 已知

$$f(t)=\begin{cases} E\left(1-\dfrac{2|t|}{\tau}\right) & |t|\leqslant\dfrac{\tau}{2} \\ 0 & |t|>\dfrac{\tau}{2} \end{cases}$$

利用卷积定理求三角脉冲的频谱。

3. 三阶归一化 Butterworth 低通滤波器的系统函数为

$$H(\mathrm{j}\omega)=\frac{1}{(\mathrm{j}\omega)^3+2\,(\mathrm{j}\omega)^2+2(\mathrm{j}\omega)+1}$$

试画出 $|H(\mathrm{j}\omega)|$ 和 $\varphi(\omega)$。

4. 画出 $H(\mathrm{e}^{\mathrm{j}\omega})=\dfrac{1}{1-\alpha\mathrm{e}^{-\mathrm{j}\omega}}$ 的幅度响应曲线。

第5章　无线电通信系统仿真基础

5.1　基带信号和调制信号

5.1.1　基带信号

基带信号是信源发出的没有经过调制(频谱搬移和变换)的原始电信号，其特点是频率较低，信号频谱从零频附近开始，具有低通形式。根据原始电信号的特征，基带信号可分为数字基带信号和模拟基带信号(相应地，信源也分为数字信源和模拟信源)。

5.1.2　调制目的

基带信号往往不能作为传输信号，因此必须把基带信号调制到载波信号上，使基带信号成为一个相对基带频率而言频率比较高的信号，以适合于信道传输。经过调制过程输出的信号叫做已调信号。用来改变载波信号某些特性的信号叫做调制信号。调制的目的主要有以下几点：

(1) 在无线传输中，为了获得较高的辐射频率，天线的尺寸必须与发射信号的波长相比拟。基带信号通常包含较低频率的分量，若直接发射，将使天线过长而难以实现。例如天线长度一般应大于$\lambda/4$，其中λ为波长，对于3000 Hz的基带信号，若直接发射，则需要尺寸约为25 km的天线。显然，这是无法实现的。但若通过调制，把基带信号的频谱搬移到较高的频率上，就可以提高发射效率。

(2) 把多个基带信号分别搬移到不同的载频处，以实现信道的多路复用，提高信道的利用率。

(3) 扩展信号带宽，提高系统抗干扰能力。

因此，调制对通信系统的有效性和可靠性有着很大的影响和作用。

5.1.3　基带信号和解析信号的关系

通信和雷达一类信息系统常用信号是实的窄带信号，即

$$s(t)=a(t)\cos[2\pi f_0 t+\phi(t)]=\frac{1}{2}a(t)[\mathrm{e}^{\mathrm{j}[2\pi f_0 t+\phi(t)]}+\mathrm{e}^{-\mathrm{j}[2\pi f_0 t+\phi(t)]}] \tag{5.1}$$

上述窄带信号的正、负频分量明显分开，负频分量容易被滤出。保留其正频部分，并将幅度加倍，即可得到其解析信号为

$$s_A=a(t)\mathrm{e}^{\mathrm{j}\phi(t)}\mathrm{e}^{\mathrm{j}2\pi f_0 t} \tag{5.2}$$

式中，$\mathrm{e}^{\mathrm{j}2\pi f_0 t}$为复数，作为信息的载体而不含有用的信息。将上式两边乘以$\mathrm{e}^{-\mathrm{j}2\pi f_0 t}$，即可将载波频率下移$f_0$，变成零载频，得到一新信号为

$$s_B = a(t)e^{j\phi(t)} \tag{5.3}$$

这种零载频的信号就是基带信号。由上述论述可知，解析信号和基带信号存在以下关系

$$s_A(t) = s_B(t)e^{j2\pi f_0 t} \tag{5.4}$$

式(5.4)表明基带信号 $s_B(t)$就是解析信号 $s_A(t)$的复包络。

5.2　随机过程

5.2.1　随机信号与随机过程

空间传播的信号皆为随机信号，一般无法用确定函数形式解析表示。因此随机信号在各时间点上取值以及在不同点上取值之间的相互关联性，只能用其概率特性或统计平均特性来表征，它的确定值无法先验表达。一个平稳随机信号在各频率点上能量的取值，可以用功率谱密度函数与自相关函数统计描述。一个随机信号就是一个随机过程，如果已完全知道了它的概率分布(包括一维概率和多维概率分布)，就可认为对这个随机信号在统计意义上已充分了解或已作描述了。通常用概率分布函数和概率密度函数来表征随机信号的特征。

1. 概率分布函数

设 $x(t)$是一随机过程，对于每一个固定的 $t_1 \in T$，$x(t_1)$是一个随机变量，它的一维概率分布函数为

$$F_1(x_1, t_1) = P\{x(t_1) \leqslant x_1\} \tag{5.5}$$

2. 概率密度函数

如果存在二元函数 $f_1(x_1, t_1)$，使 $F_1(x_1, t_1) = \int_{-\infty}^{x_1} f_1(x_1, t_1)\mathrm{d}x_1$ 成立，则称 $f_1(x_1, t_1)$为随机过程 $x(t)$的一维概率密度。为了描述随机过程 $x(t)$在任意两个时刻 t_1 和 t_2 状态之间的联系，引入二维随机变量$(x(t_1), x(t_2))$的分布函数，随机过程的二维分布函数为 $F_2(x_1, x_2; t_1, t_2) = P\{x(t_1) \leqslant x_1; x(t_2) \leqslant x_2\}$。如果存在二元函数 $f_2(x_1, x_2; t_1, t_2)$，使 $F_1(x_1, x_2; t_1, t_2) = \int_{-\infty}^{x_1}\int_{-\infty}^{x_2} f_2(x_1, x_2; t_1, t_2)\mathrm{d}x_2\mathrm{d}x_1$ 成立，则称 $f_2(x_1, x_2; t_1, t_2)$为随机过程 $x(t)$的二维概率密度。

随机过程的各种数字特征分别从不同侧面间接地反映了随机过程的概率分布特性。常见随机过程的数字特征有以下几种：

(1) 均值

$$\mathrm{E}\{x(t)\} = \int_{-\infty}^{\infty} xf(x, t)\mathrm{d}x = m_x(t) \tag{5.6}$$

(2)方差

$$\mathrm{E}\{[x(t) - m_x(t)]^2\} = \int_{-\infty}^{\infty} [x - m_x(t)]^2 f(x, t)\mathrm{d}x = \sigma_x^2(t) \tag{5.7}$$

(3) 自相关函数

$$R_{xx}(t_1, t_2) = \mathrm{E}\{x(t_1)x(t_2)\} = \int_{-\infty}^{\infty}\int_{-\infty}^{\infty} x_1 x_2 f(x_1, x_2; t_1, t_2)\mathrm{d}x_2\mathrm{d}x_1 \tag{5.8}$$

(4) 自协方差函数

$$C_{xx}(t_1, t_2)=\mathrm{E}\{[x(t_1)-m_x(t_1)][x(t_2)-m_x(t_2)]\} \tag{5.9}$$

(5) 互相关函数

$$R_{xy}(t_1, t_2) = \mathrm{E}\{x(t_1)y(t_2)\} = \int_{-\infty}^{\infty}\int_{-\infty}^{\infty} xyf(x, t_1; y, t_2)\mathrm{d}x\mathrm{d}y \tag{5.10}$$

(6) 互协方差函数

$$C_{xy}(t_1, t_2)=\mathrm{E}\{[x(t_1)-m_x(t_1)][y(t_2)-m_y(t_2)]\} \tag{5.11}$$

5.2.2 平稳随机过程

1. 严平稳随机过程

若 n 个随机变量 $\{x(t_1), x(t_2), \cdots, x(t_n)\}$ 的联合分布函数与 $\{x(t_1+\tau), x(t_2+\tau), \cdots, x(t_n+\tau)\}$ 的联合分布函数对所有时延 τ 都相同，则称 $\{x(t)\}$ 为严平稳随机过程。这意味着分布具有时移不变性。严平稳也称狭义平稳。

设随机过程的期望和自相关存在，则严平稳随机过程有如下性质：

(1) $\{x(t)\}$ 的数学期望为常数，即

$$\mathrm{E}[x(t_1)] = \int_{-\infty}^{\infty} xf_1(x, t_1)\mathrm{d}x = \int_{-\infty}^{\infty} xf_1(x, t_1+\tau)\mathrm{d}x = \mathrm{E}[x(t_2)] = a \tag{5.12}$$

(2) $\{x(t)\}$ 的自相关函数仅与时间差有关，即

$$R(t_1, t_1+\tau) = \int_{-\infty}^{\infty}\int_{-\infty}^{\infty} x_1x_2f_2(x_1, x_2: t_2, t_2+\tau)\mathrm{d}x_1\mathrm{d}x_2 = R(t_2, t_2+\tau) = R(\tau) \tag{5.13}$$

由于 t_1、t_2 是任意的，因此 $R(t_1, t_1+\tau)=R(\tau)$，即自相关仅与时间差有关，与 t_1 无关。

2. 宽平稳随机过程

宽平稳随机过程也称广义平稳随机过程。如果随机过程的数学期望是常数，自相关函数仅与时间差有关，则称其为宽平稳随机过程(注：宽平稳不一定严平稳)。若不特别说明，则平稳过程均指宽平稳过程。

3. 窄带平稳随机过程

窄带平稳随机过程定义为信号功率谱密度是一个带通型且带宽远小于中心频率的随机过程，通常窄带平稳随机过程 $X(t)$ 可以展开成如下形式：

$$X(t)=X_c\cos 2\pi f_c t-X_b(t)\sin 2\pi f_c t=\mathrm{Re}[X_1(t)\mathrm{e}^{\mathrm{j}2\pi f_c t}] \tag{5.14}$$

其中，$X_1(t)=X_c(t)+\mathrm{j}X_s(t)$ 是等效基带信号，$X_c(t)$、$X_s(t)$ 分别是平稳随机过程，其功率谱密度是基带型。一个典型的窄带随机过程是高斯白噪声经过带通系统的输出。可以证明，窄带平稳过程具有如下性质：

(1) 如果 $X(t)$ 平稳，则 $X_c(t)$、$X_s(t)$ 也平稳；

(2) 如果 $\mathrm{E}[X(t)]=0$，则 $\mathrm{E}[X_c(t)]=\mathrm{E}[X_s(t)]=0$；

(3) 如果 $X(t)$ 是高斯平稳过程，则 $X_c(t)$、$X_s(t)$ 也是高斯平稳过程；

(4) 如果 $X(t)$ 是高斯平稳且均值为 0，则 $X_c(t)$、$X_s(t)$ 相互正交，且功率与 $X(t)$ 相同。

4. 随机过程的各态历经性

假设 $\{x(t)\}$ 是随机过程的一个实现，则各态历经性指的是

$$a = \lim_{T\to\infty}\frac{1}{T}\int_{-T/2}^{T/2} x(t) = \bar{a} \tag{5.15}$$

$$\sigma^2 = \lim_{T\to\infty}\frac{1}{T}\int_{-T/2}^{T/2} x(t)^2\,dt = \overline{\sigma^2} \tag{5.16}$$

$$R(\tau) = \lim_{T\to\infty}\int_{-T/2}^{T/2} x(t)x(t+\tau)\,dt = \overline{R(\tau)} \tag{5.17}$$

即统计平均等于时间平均，任何一个实现都遍历了随机过程的各个状态(注：平稳过程不一定是遍历的，遍历过程一定是宽平稳的)。

5. 平稳过程的功率谱密度

随机过程的功率谱密度定义为

$$P_x(\omega) - E\left[\lim_{T\to\infty}\frac{|F_T(\omega)|^2}{T}\right] = \lim_{T\to\infty}\frac{E[|F_T(\omega)|^2]}{T} \tag{5.18}$$

其中，$F_T(\omega)$是$x(t)$在样本时间[0，T]内截短的傅里叶变换。可以证明(维纳-辛钦定理)：平稳随机过程的自相关函数$R(\tau)$与随机过程的功率谱密度$P(\omega)$是一对傅里叶变换对，即

$$P(\omega) = \int_{-\infty}^{\infty} R(\tau)e^{-j\omega\tau}\,d\tau \tag{5.19}$$

从式(5.19)中可以看出，随机过程的功率谱密度可以通过大量产生随机过程的样本，然后对每个样本取傅里叶变换的模平方和时间平均，再将得到的各样本的功率谱密度取平均而得。当随机过程遍历时，只要取足够长的样本进行傅里叶变换，再取模平方和时间平均，就可以得到遍历随机过程的功率谱密度。

6. 平稳随机过程经过线性非时变系统

如果线性非时变系统的输入是一个随机过程，则输出也是一个随机过程。当线性非时变系统的输入是一个平稳随机过程时，可以得到如下的一些性质：

(1) 随机过程$y(t)$的均值

$$E[y(t)] = E[x(t)]\int_{-\infty}^{\infty} h(u)\,du \tag{5.20}$$

(2) 自相关及功率谱密度

$$R_y(\tau) = \int_{-\infty}^{\infty}\int_{-\infty}^{\infty} R_x(\tau+u-v)h(u)h(v)\,du\,dv \tag{5.21}$$

$$P_y(f) = |H(f)|^2 P_x(f) \tag{5.22}$$

其中，$H(f)$代表线性时不变系统的频率响应。

【例5.1】 高斯白噪声是一个功率谱密度为常数，且各时刻满足高斯分布的随机过程，设高斯白噪声的双边功率谱密度为$N_0/2$，现将高斯白噪声经过一个中心频率为f_c、带宽为B的带通滤波器，得到的输出信号即为窄带随机过程。

(1) 用MATLAB产生高斯平稳窄带随机过程，f_c=20 Hz，B=1 Hz，N_0=1 W/Hz；

(2) 画出窄带高斯随机过程的等效基带信号；

(3) 求出窄带高斯过程的功率，等效基带信号的实部功率、虚部功率。

输入：

```
%窄带高斯过程，文件 zdpw.m
clear all;
```

```
close all;
N0=1; %单边功率谱密度
fc=20; %中心频率
B=1; %带宽
dt=0.01; %采样时间间隔
T=50;
t=0:dt:T-dt;
P=N0 * B;
st=sqrt(B) * randn(1, length(t));          %将上述白噪声经过窄带带通系统
[f, sf]=T2F(t, st);                        %高斯信号频谱
[tt, gt]=bpf(f, sf, fc-B/2, fc+B/2);       %高斯信号经过带通系统
glt=hilbert(real(gt));                     %窄带信号的解析信号，调用 hilbert 函数
glt=glt. * exp(-j * 2 * pi * fc * tt);     %得到解析信号
[ff, glf]=T2F(tt, glt);

subplot(411);
plot(tt, real(gt));
title('窄带高斯过程样本');
subplot(412)
plot(tt, real(glt). * cos(2 * pi * fc * tt)-imag(glt). * sin(2 * pi * fc * tt));
title('由等效基带重构的窄带高斯过程样本');

subplot(413);
plot(tt, real(glt));
title('窄带高斯过程样本的同相分量');
subplot(414);
plot(tt, imag(glt));
xlabel('时间 t(秒)');
title('窄带高斯过程样本的正交分量');
```

用到的子函数如下：

```
function [t, st]=bpf(f, sf, B1, B2)
%通过理想的带通滤波器过滤频域输入
% f: 频率; sf : 输入数据; B1 : 带通的低频; B2: 带通的高频
% t: 时间; st : 输出数据
df=f(2)-f(1);
T=1/df;
hf=zeros(1, length(f));
bf=[floor(B1/df):floor(B2/df)];
bf1=floor(length(f)/2)+bf; %取下界
bf2=floor(length(f)/2)-bf;
hf(bf1)=1/sqrt(2 * (B2-B1));
hf(bf2)=1/sqrt(2 * (B2-B1));
```

```
yf=hf. * sf. * exp(-j * 2 * pi * f * 0.1 * T);
[t, st]=F2T(f, yf);
```

窄带高斯过程如图 5.1 所示。

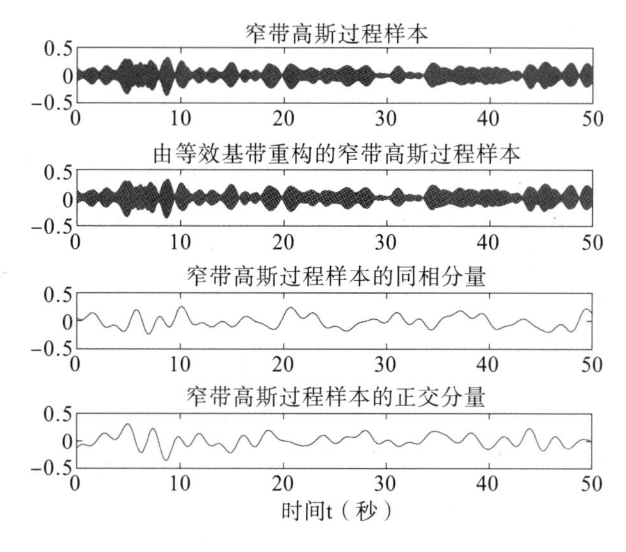

图 5.1　窄带高斯过程

5.3　模拟调制系统的 MATLAB 仿真

调制是将信号变换成适应信道传输的过程，由于信源的特性与信道的特性可能不匹配，因此直接传输可能会严重影响传输质量。模拟调制针对模拟信号，常用的模拟调制有调幅、调相、调频等。

5.3.1　幅度调制

1. 双边带抑制载波调幅(DSB-SC)

设均值为零的模拟基带信号为 $m(t)$，双边带抑制载波调幅(DSB-SC)信号为

$$s(t)=m(t)\cos 2\pi f_c t \tag{5.23}$$

当 $m(t)$是随机信号时，其功率谱密度为

$$P_s(f)=\frac{1}{4}[P_M(f-f_c)+P_M(f+f_c)] \tag{5.24}$$

当 $m(t)$是确知信号时，其频谱为

$$S(f)=\frac{1}{2}[M(f-f_c)+M(f+f_c)] \tag{5.25}$$

其中，$P_M(f)$是 $m(t)$的功率谱密度，$M(f)$是 $m(t)$的频谱。由于 $m(t)$均值为 0，因此调制后的信号不含离散的载波分量。如果接收端能够恢复出载波分量，则可以采用如下的相干解调：

$$r(t)=s(t)\cos 2\pi f_c t=m(t)\cos^2 2\pi f_c t=\frac{1}{2}m(t)+\frac{1}{2}m(t)\cos 4\pi f_c t \tag{5.26}$$

再用低通滤波器滤去高频分量，就恢复出了原始信息。

【例 5.2】 用 MATLAB 产生一个频率为 1 Hz、功率为 1 的余弦信源，设载波频率为 15 Hz，试画出：

（1）DSB－SC 调制信号；

（2）该调制信号的功率谱密度；

（3）相干解调后的信号波形。

```
function [t, st]=lpf(f, sf, B)
%  低通滤波器
% f：频率样本；sf：输入数据频谱样本；B：带有矩形低通的低通带宽
% t：时间样本；st：输出数据的时间样本
df=f(2)-f(1);
T=1/df;
N=length(f);
hf=zeros(1, N);
bf=[-floor(B/df):floor(B/df)]+floor(N/2);
hf(bf)=1;
yf=hf.*sf;
[t, st]=F2T(f, yf);
st=real(st);
```

输入：

```
close all;
clear all;
f1 = 1;       %频率为 1 Hz
fc = 15;      %载频为 15 Hz
B = 2*f1;
fs = 4*fc;
dt = 1/fs;
N = 256;
t = 0:dt:(N-1)*dt; %t = [0:N-1]*dt
T = t(end);

mt = sqrt(2)*cos(2*pi*f1*t);
st = mt.*cos(2*pi*fc*t);
subplot(3, 1, 1);
plot(t, mt, t, st, 'r-.');
axis([0 4 -2 2]);
legend('基带信号', 'DSB 信号');

[f, sf] = T2F(t, st);
Pf = abs(sf).^2/T;
subplot(3, 1, 2);
plot(f, Pf);
```

```
axis([-20 20 0 1]);
legend('DSB信号功率谱密度');

rt = st. * cos(2 * pi * fc * t);
rt = rt-mean(rt);
[f, rf] = T2F(t, rt);
[t, rt] = lpf(f, rf, B);
subplot(3, 1, 3);
plot(t, rt);
axis([0 4 -1 1]);
legend('相干解调后的信号');
```

DSB 信号及其解调如图 5.2 所示。

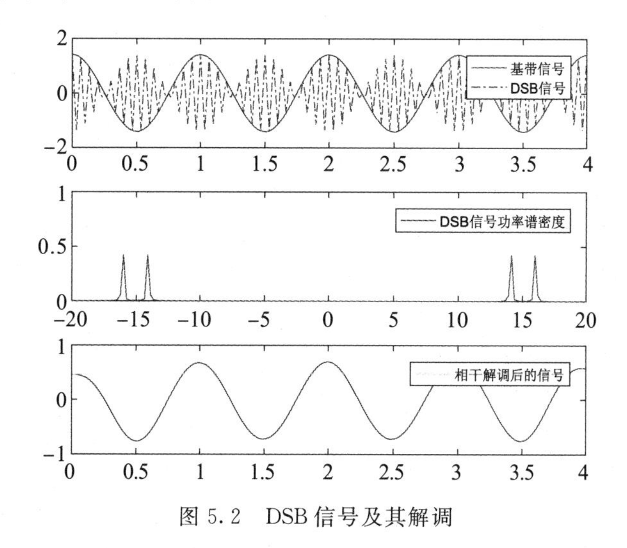

图 5.2　DSB 信号及其解调

2. 具有离散大载波的双边带调幅(AM)

设模拟基带信号为 $m(t)$，调幅信号为

$$s(t)=[A+m(t)]\cos 2\pi f_c t \tag{5.27}$$

其中，A 是一个常数。

可以将调幅信号看成余弦载波信号和抑制载波双边带调幅信号的叠加。当 $A>m(t)$ 时，称此调幅信号为欠调幅信号；当 $A<m(t)$ 时，则称其为过调幅信号。当 $m(t)$ 的频宽远小于载波频率时，欠调幅信号可以用包络检波的方式解调，而过调幅信号只能通过相干解调。包络检波的方式如图 5.3 所示，相干解调的方式如图 5.4 所示。

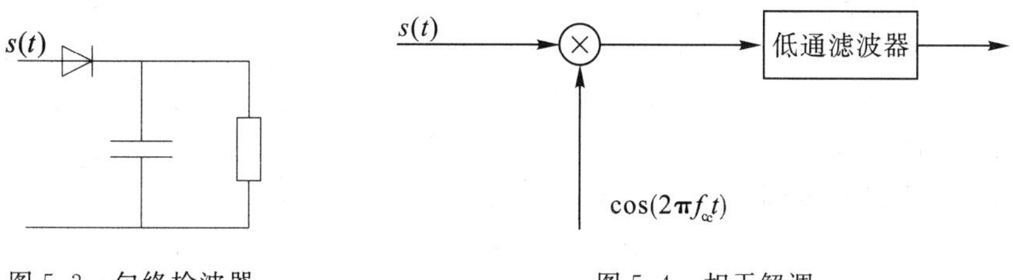

图 5.3　包络检波器　　　　图 5.4　相干解调

【例 5.3】 用 MATLAB 产生一个频率为 1 Hz、功率为 1 的余弦信源 $m(t)$，设载波频率为 5 Hz、$A=2$，试画出：

(1) AM 调制信号；

(2) 调制信号的功率谱密度；

(3) 相干解调后的信号波形。

输入：

```
f1 = 1;        % 频率为 1 Hz
fc = 5;        % 载波频率为 5Hz
B = 2 * f1;
A = 2;
fs = 6 * fc;
dt = 1/fs;
N = 256;
t = 0:dt:(N-1) * dt;
T = t(end);

mt = sqrt(2) * cos(2 * pi * f1 * t);
st = (A+mt). * cos(2 * pi * fc * t);
subplot(3, 1, 1);
plot(t, A+mt, t, st, 'r-.');
axis([0 4 -5 5]);

[f, sf] = T2F(t, st);
Pf = abs(sf).^2/T;
subplot(3, 1, 2);
plot(f, Pf);
axis([-20 20 0 4]);
legend('AM 信号功率谱密度');

rt = st. * cos(2 * pi * fc * t);
rt = rt-mean(rt);
[f, rf] = T2F(t, rt);
[t, yt] = lpf(f, rf, B);
subplot(3, 1, 3);
plot(t, yt);
axis([0 4 -1 1]);
legend('相干解调后信号');
```

AM 调制信号及其解调如图 5.5 所示。

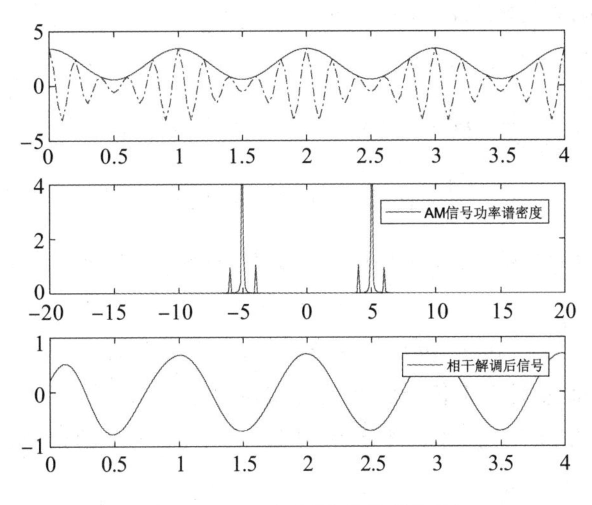

图 5.5　AM 调制信号及其解调

3. 单边带调幅(SSB)

如图 5.6 所示，模拟基带信号 $m(t)$经过双边带调制后，频谱被搬移到中心频率为$\pm f_c$处，但从恢复原信号频谱的角度看，只要传输双边带信号的一半带宽就可以完全恢复出原信号的频谱。

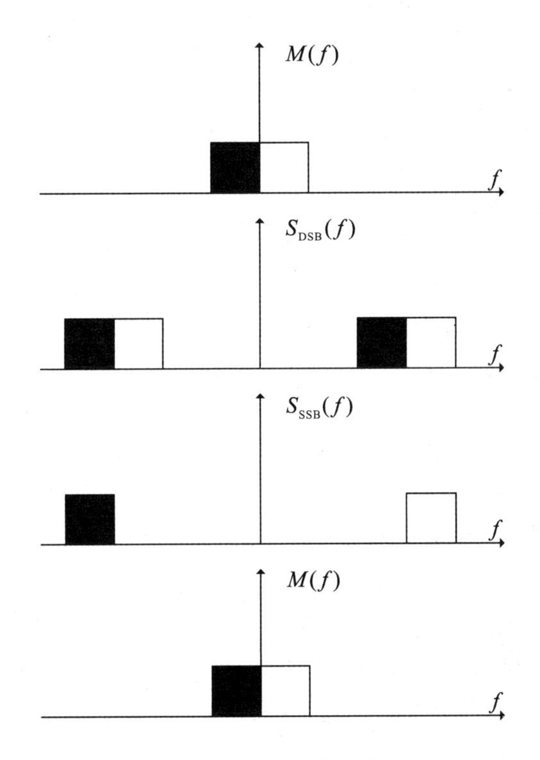

图 5.6　单边带调制与解调

因此，图 5.6 所示的单边带信号(上边带)可以表示为

$$\begin{aligned} s(t) &= m(t)\cos 2\pi f_c t - \hat{m}(t)\sin 2\pi f_c t \\ &= \mathrm{Re}\left[(m(t)+\mathrm{j}\hat{m}(t))\mathrm{e}^{\mathrm{j}2\pi f_c t}\right] \\ &= \frac{1}{2}\left[(m(t)+\mathrm{j}\hat{m}(t))\mathrm{e}^{\mathrm{j}2\pi f_c t} + (m(t)-\mathrm{j}\hat{m}(t))\mathrm{e}^{-\mathrm{j}2\pi f_c t}\right] \\ &= \mathscr{F}^{-1}\left\{\frac{1}{2}\left[M^{+}(f-f_c)+M^{-}(f+f_c)\right]\right\} \end{aligned} \tag{5.28}$$

其中，$M^{+}(f)$、$M^{-}(f)$分别表示$M(f)$的正、负频率分量。同理，单边带下边带信号可表示为

$$s(t) = m(t)\cos 2\pi f_c t + \hat{m}(t)\sin 2\pi f_c t \tag{5.29}$$

在接收端，可以通过图5.4相干解调的方式对单边带信号进行解调。

【例5.4】 用MATLAB产生一个频率为1 Hz、功率为1的余弦信源$m(t)$，设载波频率为8 Hz，试画出：

(1) SSB调制信号；

(2) 该调制信号的功率谱密度；

(3) 相干解调后的信号波形。

输入：

```
f1 = 1;          % 频率为1Hz
fc = 8;          % 载波频率为8Hz
B = 2 * f1;
fs = 6 * fc;
dt = 1/fs;
N = 256;
t = 0:dt:(N-1) * dt;
T = t(end);

mt = sqrt(2) * cos(2 * pi * f1 * t);
st = real(hilbert(mt). * exp(j * 2 * pi * fc * t));
subplot(3, 1, 1);
plot(t, mt, t, st, 'r-.');
axis([0 4 -2 2]);
legend('基带信号', 'SSB信号');

[f, sf] = T2F(t, st);
Pf = abs(sf).^2/T;
subplot(3, 1, 2);
plot(f, Pf);
axis([-20 20 0 3]);
legend('SSB信号功率谱密度');
rt = st. * cos(2 * pi * fc * t);
```

```
rt = rt - mean(rt);
[f, rf] = T2F(t, rt);
[t, yt] = lpf(f, rf, B);
subplot(3, 1, 3);
plot(t, yt);
axis([0 4 -1 1]);
legend('相干解调后信号');
```

SSB 信号及其解调如图 5.7 所示。

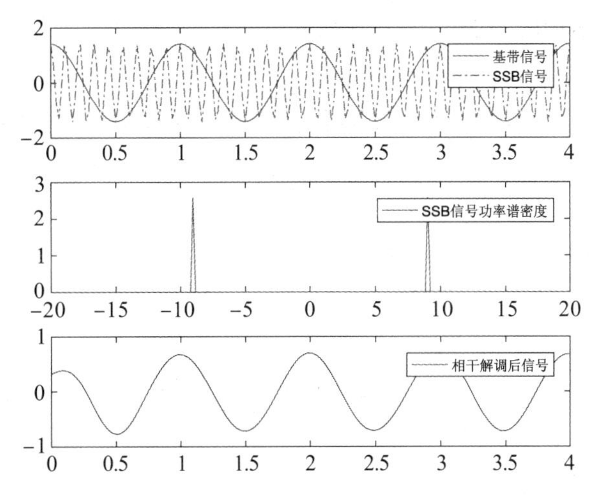

图 5.7　SSB 信号及其解调

4. 幅度调制信号的解调性能

调幅类信号的解调都可以通过相干解调的方式实现解调。由于受到信道的噪声影响，因此解调出的信号叠加上了噪声。解调器的性能通常可以通过接收机输入和输出端的信噪比比值来衡量，即

$$G=\frac{\text{SNR}_{\text{in}}}{\text{SNR}_{\text{out}}}=\frac{S_{\text{in}}/N_{\text{in}}}{S_{\text{out}}/N_{\text{out}}} \tag{5.30}$$

其中：S_{in}、N_{in}、S_{out}、N_{out}分别是解调器的输入信号功率、输入噪声功率、输出信号功率、输出噪声功率。

接收机的分析模型如图 5.8 所示，图中 $n(t)$是高斯白噪声，其双边带功率谱密度为 $N_0/2$，带通滤波器带宽为 B，经过带通滤波器后，噪声为窄带，则解调器输入前的噪声功率为 N_0B。

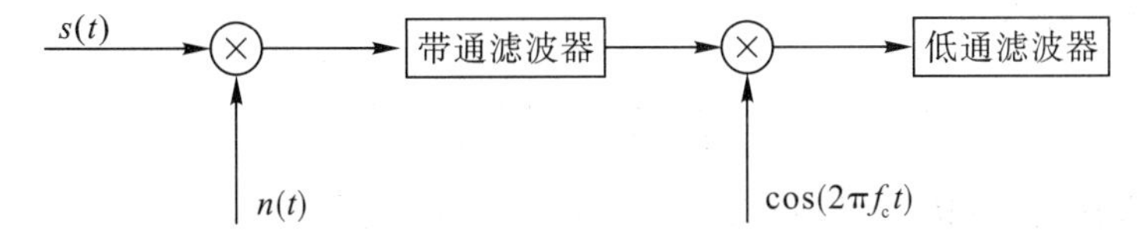

图 5.8　接收机相干解调分析模型

1）抑制载波双边带调幅信号的解调性能

输入信号为$m(t)\cos 2\pi f_c t$，输入信号功率为$E[m(t)^2]/2$，经过带通后，接收信号为

$$r(t)=m(t)\cos 2\pi f_c t+n_c(t)\cos 2\pi f_c t-n_s(t)\sin 2\pi f_c t \tag{5.31}$$

其中，$n_c(t)$和$n_s(t)$分别是窄带高斯过程的同相分量和正交分量，$E[n_c^2(t)]=E[n_s^2(t)]=N_0 B$。输入信噪比为$\mathrm{SNR_{in}}=E[m(t)^2]/2N_0 B$。

经过相干解调后，输出为

$$y(t)=\frac{1}{2}m(t)+\frac{1}{2}n_c(t) \tag{5.32}$$

因此，输出信噪比为$\mathrm{SNR_{out}}=E[m(t)^2]/N_0 B$，$G=2$。

2）AM信号的解调性能

输入信号为$[A+m(t)]\cos 2\pi f_c t$，输入信号功率为$(E[m(t)^2]+A^2)/2$，经过带通滤波器后，接收信号为

$$r(t)=[A+m(t)]\cos 2\pi f_c t+n_c(t)\cos 2\pi f_c t-n_s(t)\sin 2\pi f_c t \tag{5.33}$$

其中，$n_c(t)$和$n_s(t)$分别为窄带高斯过程的同相分量和正交分量，$E[n_c^2(t)]=E[n_s^2(t)]=N_0 B$。

输入信噪比为

$$\mathrm{SNR_{in}}=\frac{1}{2}\frac{(E[m(t)^2]+A^2)}{N_0 B} \tag{5.34}$$

经过相干解调后，输出为

$$y(t)=\frac{1}{2}m(t)+\frac{1}{2}n_c(t) \tag{5.35}$$

因此，输出信噪比为$\mathrm{SNR_{out}}=E[m(t)^2]/(N_0 B)$，$G=2E[m(t)^2]/\{E[m(t)^2]+A^2\}$。

3）SSB信号的解调性能

输入信号为$s(t)=[m(t)\cos 2\pi f_c t\pm\hat{m}(t)\sin 2\pi f_c t]/\sqrt{2}$，输入信号功率$E[s(t)^2]=E[m(t)^2]/2$，经过带通后，接收信号为

$$r(t)=\frac{1}{\sqrt{2}}[m(t)\cos 2\pi f_c t\pm\hat{m}(t)\sin 2\pi f_c t]+n_c(t)\cos 2\pi f_c t-n_s(t)\sin 2\pi f_c t \tag{5.36}$$

其中：$n_c(t)$和$n_s(t)$分别是窄带高斯过程的同相分量和正交分量，$E[n_c^2(t)]=E[n_s^2(t)]=N_0 B$。

输入信噪比为

$$\mathrm{SNR_{in}}=\frac{1}{2}\frac{E[m(t)^2]}{N_0 B} \tag{5.37}$$

经过相干解调后，输出为

$$y(t)=\frac{1}{2\sqrt{2}}m(t)+\frac{1}{2}n_c(t) \tag{5.38}$$

因此，输出信噪比为$\mathrm{SNR_{out}}=E[m(t)^2]/(2N_0 B)$，$G=1$。

将上述结果整理，如表5.1所示。

表 5.1 几种解调方式的性能比较

调制类型	输入信号	信号带宽	输入信号功率	输入信噪比	输出信噪比
AM	$(A+m(t))\cos 2\pi f_c t$	$2f_m$	$\frac{1}{2}\{E[m(t)^2]+A^2\}$	$\frac{E[m(t)^2]+A^2}{2N_0B}$	$\frac{E[m(t)^2]}{N_0B}$
DSB	$m(t)\cos 2\pi f_c t$	$2f_m$	$\frac{1}{2}E[m(t)^2]$	$\frac{E[m(t)^2]}{2N_0B}$	$\frac{E[m(t)^2]}{N_0B}$
SSB	$\frac{1}{\sqrt{2}}[m(t)\cos 2\pi f_c t \pm \hat{m}(t)\sin 2\pi f_c t]$	f_m	$\frac{1}{2}E[m(t)^2]$	$\frac{E[m(t)^2]}{2N_0B}$	$\frac{E[m(t)^2]}{2N_0B}$

从表 5.1 中可以看到，虽然 DSB 与 SSB 的解调增益不同，但当解调器输入信噪比相同时，由于 SSB 的带宽 $B=f_m$ 比 DSB 的带宽 $B=2f_m$ 少一半，因此两者的输出信噪比相同，从这个意义上说，DSB 与 SSB 具有相同的解调性能。

【例 5.5】 用 MATLAB 产生一个频率为 1 Hz、功率为 1 的余弦信源，设载波频率为 10 Hz，试画出：

(1) A=2 的 AM 调制信号；

(2) DSB 调制信号；

(3) SSB 调制信号；

(4) 在信道中各自加入经过带通滤波器后的窄带高斯白噪声，功率为 0.1，解调各个信号，并画出解调后的波形。

```
function[t, out]=noise_nb(fc, B, N0, t)
% 输出具有单侧功率的窄带高斯噪声样本
% fc：载波频率；B：带宽；N0：频谱
dt=t(2)-t(1);
Fmx=1/dt;
n_len=length(t);
p=N0 * Fmx;
rn=sqrt(p) * randn(1, n_len);
[f, rf]=T2F(t, rn);
[t, out]=bpf(f, rf, fc-B/2, fc+B/2);
```

输入：

```
close all;        %显示模拟调制的波形及解调方法 AM, DSB, SSB
clear all;
fm = 1;           % 频率为 1 Hz
fc = 10;          % 载波频率为 10 Hz
B = 2 * fm;
A = 2;
fs = 16 * fc;
dt = 1/fs;
N = 4096;
t = 0:dt:(N-1) * dt;
```

```
mt=sqrt(2)*cos(2*pi*fm*t);
N0=0.1;

%AM modulation
s_am=(A+mt).*cos(2*pi*fc*t);
B=2*fm;
[t, out]=noise_nb(fc, B, N0, t);
s_am=s_am+out;
figure(1)
subplot(321)
plot(t, s_am); hold on;
plot(t, A+mt, 'r--');

%AM demodulation
rt=s_am.*cos(2*pi*fc*t);
rt=rt-mean(rt);
[f, rf]=T2F(t, rt);
[t, rt]=lpf(f, rf, 2*fm);
title('AM信号'); xlabel('t');
subplot(322)
plot(t, rt); hold on;
plot(t, mt/2, 'r--');
title('AM解调信号'); xlabel('t');

%DSB modulation
s_dsb = mt.*cos(2*pi*fc*t);
B = 2*fm;
[t, out] = noise_nb(fc, B, N0, t);
s_dsb = s_dsb+out;
subplot(323)
plot(t, s_dsb); hold on;
plot(t, mt, 'r--');
title('DSB信号'); xlabel('t');

%DSB demodulation
rt = s_dsb.*cos(2*pi*fc*t);
rt = rt-mean(rt);
[f, rf] = T2F(t, rt);
[t, rt] = lpf(f, rf, 2*fm);
subplot(324)
plot(t, rt); hold on;
plot(t, mt/2, 'r--');
title('DSB解调信号'); xlabel('t');
```

```
%SSB modulation
s_ssb = real(hilbert(mt). * exp(j * 2 * pi * fc * t));
B = fm;
[t, out] = noise_nb(fc, B, N0, t);
s_ssb = s_ssb+out;
subplot(325)
plot(t, s_ssb); hold on;
plot(t, mt, 'r--');
title('SSB 信号'); xlabel('t');
%SSB demodulation
rt = s_ssb. * cos(2 * pi * fc * t);
rt = rt-mean(rt);
[f, rf] = T2F(t, rt);
[t, rt] = lpf(f, rf, 2 * fm);
subplot(326)
plot(t, rt); hold on;
plot(t, mt/2, 'r--');
title('SSB 解调信号'); xlabel('t');
```

输出：

信道噪声对各种调制解调的影响如图 5.9 所示。

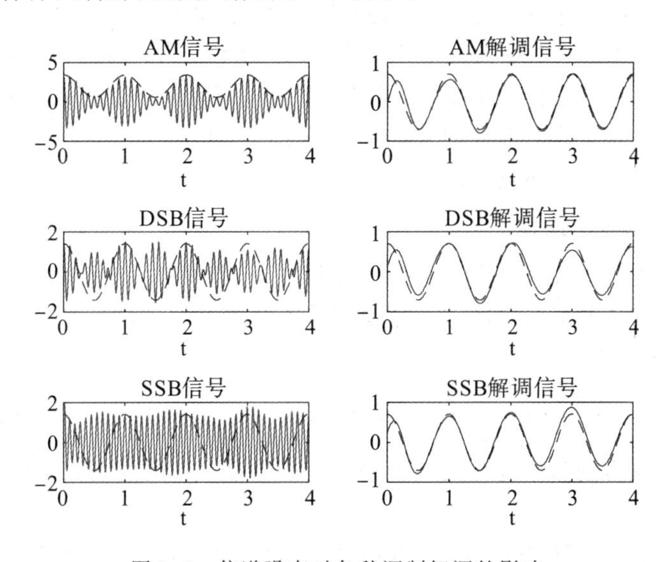

图 5.9　信道噪声对各种调制解调的影响

5.3.2　角度调制

1. 调频信号

可以看到，无论是单边带、双边带还是残留边带调制方式，输入模拟基带信号改变的是正弦载波的幅度。当载波的频率变化与输入基带信号幅度的变化呈线性关系时，就构成了调频信号。调频信号可以写成：

$$s(t) = A\cos(2\pi f_c t + 2\pi K_f \int_{-\infty}^{t} m(\tau)\mathrm{d}\tau) \tag{5.39}$$

该载波的瞬时相位为

$$\phi(t) = 2\pi f_c t + 2\pi K_f \int_{-\infty}^{t} m(\tau)\mathrm{d}\tau \tag{5.40}$$

瞬时频率为

$$\frac{1}{2\pi}\frac{\mathrm{d}\phi(t)}{\mathrm{d}t} = f_c + K_f m(t) \tag{5.41}$$

因此，调频信号的瞬时频率与输入信号呈线性关系，K_f 称为频率偏移常数。

调频信号频谱与输入信号频谱之间不再是频率搬移的关系，因此通常无法写出调频信号频谱的明确表达式，但调频信号98%的功率带宽与调频指数和输入信号带宽有关。调频指数定义为最大频偏与输入信号带宽 f_m 的比值，即

$$\beta_f = \frac{\Delta f_{max}}{f_m} \tag{5.42}$$

调频信号的带宽可以根据经验公式——卡森公式近似计算：

$$B = 2\Delta f_{max} + 2f_m = 2(\beta_f + 1)f_m \tag{5.43}$$

2. 调相信号

调相信号与调频信号不同的是输入基带信号与载波信号的瞬时相位呈线性关系，即

$$s(t) = A\cos(2\pi f_c t + 2\pi K_p m(t)) \tag{5.44}$$

由于瞬时频率与瞬时相位的关系为积分与微分关系，因此调频、调相信号之间具有类似的频谱。调相信号可以看成是输入信号进行微分后的调频信号，而调频信号可以看成是输入信号积分后的调相信号。因此，调相信号的信号带宽也可以用卡森公式近似计算得到，即

$$B = 2\Delta f_{max} + 2f_m = 2(\beta_p + 1)f_m \tag{5.45}$$

这里定义调相指数为 $\beta_p = 2\pi K_p \max|m(t)|$。

3. 调频、调相信号的解调

由于调相信号与调频信号类似，因此下面只考虑调频信号的解调。调频信号的解调法有鉴频法、基于锁相环的解调方法等。这里将重点介绍鉴频法，图5.10和式(5.46)展示了鉴频法的解调流程。

$$\frac{\mathrm{d}s(t)}{\mathrm{d}t} = -(2\pi f_c + 2\pi K_f m(t))A\sin(2\pi f_c t + 2\pi K_f \int_{-\infty}^{t} m(\tau)\mathrm{d}\tau) \tag{5.46}$$

经过微分后，信号的包络变化反映了输入信号的变化，因此通过包络检波器就可以直接恢复出输入信号。

设信道噪声是加性高斯白噪声，且双边功率谱密度为 $N_0/2$，则调频信号解调性能分析图如图5.11所示。

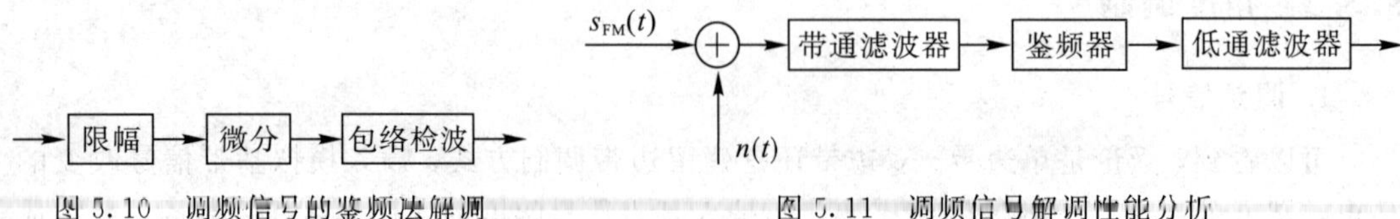

图5.10　调频信号的鉴频法解调　　　　图5.11　调频信号解调性能分析

信道加性高斯白噪声经过带通滤波器后，变成窄带高斯过程。由于鉴频器的主要作用是微分变换，因此需要考察经过噪声污染后调频信号的瞬时相位，如图 5.11 所示，鉴频器输入信号为

$$r(t) = A\cos[2\pi f_c t + 2\pi K_f \int_{-\infty}^{t} m(\tau)\mathrm{d}\tau] + n_c(t)\cos 2\pi f_c t - n_s(t)\sin 2\pi f_c t \tag{5.47}$$

$$\begin{aligned} r(t) &= A\cos[2\pi f_c t + 2\pi K_f \int_{-\infty}^{t} m(\tau)\mathrm{d}\tau] + v(t)\cos[2\pi f_c t + \theta(t)] \\ &= \mathrm{Re}[(A\mathrm{e}^{\mathrm{j}\phi(t)} + v(t)\mathrm{e}^{\mathrm{j}\theta(t)})\mathrm{e}^{\mathrm{j}2\pi f_c t}] \\ &= \mathrm{Re}[B\mathrm{e}^{\mathrm{j}\psi(t)}\mathrm{e}^{\mathrm{j}2\pi f_c t}] \end{aligned} \tag{5.48}$$

这里，$\phi(t) = 2\pi K_f \int_{-\infty}^{t} m(\tau)\mathrm{d}\tau$。瞬时相位 $\psi(t)$ 可以看成是两个矢量 $A\mathrm{e}^{\mathrm{j}\phi(t)}$、$v(t)\mathrm{e}^{\mathrm{j}\theta(t)}$ 叠加后矢量的相位。

(1) 当 $A \gg v(t)$ 时，表示信号功率远大于噪声功率，则瞬时相位可以近似为

$$\psi(t) \approx 2\pi K_f \int_{-\infty}^{t} m(\tau)\mathrm{d}\tau + \frac{v(t)}{A}\sin[\theta'(t)] \tag{5.49}$$

其中，由于窄带高斯过程的特性，$\theta(t)$ 服从 $[0, 2\pi]$ 上的均匀分布，可以近似认为 $\theta'(t) = \theta(t) - \phi(t)$ 也服从 $[0, 2\pi]$ 上的均匀分布，$v(t)$ 服从瑞利分布。经过微分器后，得到的瞬时频率为

$$\frac{1}{2\pi K_f}\frac{\mathrm{d}\psi(t)}{\mathrm{d}t} = m(t) + \frac{1}{2\pi K_f A}\frac{\mathrm{d}n'(t)}{\mathrm{d}t} \tag{5.50}$$

其中，$n'(t) = v(t)\sin\theta'(t)$ 是窄带高斯过程的等效基带信号，$\mathrm{d}n'(t)/\mathrm{d}t$ 可以看成如图 5.12 所示的线性系统，经过鉴频后噪声的输出功率谱为

$$P_{n_0}(f) = \frac{1}{(2\pi K_f A)^2}(2\pi f)^2 P_n(f) = \frac{N_0}{A^2 K_f^2} f^2 \tag{5.51}$$

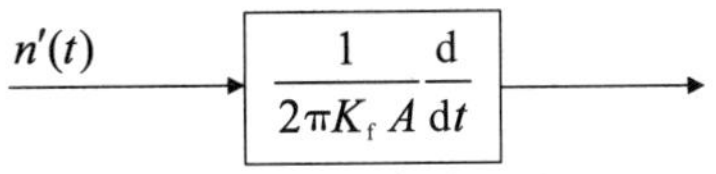

图 5.12　噪声经过鉴频器后的等效示意

即噪声功率谱密度随频率的平方增加。设低通滤波器带宽为 f_m(输入信号的最高频率分量)，则经过低通滤波器后，输出信号为

$$y(t) = m(t) + n_0(t) \tag{5.52}$$

其中，$n_0(t)$ 的平均功率为

$$P_{n_0} = \int_{-f_m}^{f_m} \frac{N_0}{A^2 K_f^2} f^2 \mathrm{d}f = \frac{2N_0 f_m^3}{3A^2 K_f^2} \tag{5.53}$$

输出信噪比为

$$\mathrm{SNR_o} = \frac{E[m(t)^2]}{P_{n_0}} = 3\beta_f^2 \frac{E[m(t)^2]}{|m(t)|_{\max}^2} \frac{A^2/2}{N_0 f_m} \tag{5.54}$$

鉴频器前的输入信噪比为 $\mathrm{SNR_{in}} = A^2/2n_0(\beta_f + 1)f_m$，因此调频信号的解调增益为

$$G = \frac{\mathrm{SNR_o}}{\mathrm{SNR_{in}}} = 3\beta_f^2(\beta_f + 1)\frac{E[m(t)^2]}{|m(t)|_{\max}^2} \tag{5.55}$$

当调频指数 $\beta_f > 1$ 时，解调增益与调频指数的三次方成正比，这意味着恢复出的信号具有很好的质量，因此常用来解调需要保证传输质量的信号。

(2) 当 $A \ll v(t)$ 时，表示信号功率远小于噪声功率，则瞬时相位可以近似为

$$\psi(t) \approx \theta(t) + \frac{A}{v(t)} \sin[\theta'(t)] \tag{5.56}$$

这意味着最终解调出的信号被淹没在噪声中(噪声相位起主导作用)，因此解调性能恶化。

由(1)、(2)的讨论可以推断，调频信号存在一个“门限”效应，即只有当输入信噪比达到一定值时，调频解调信号的质量才能得到保证，输入信噪比达到一定门限以上时，调频解调信号会“突然”变好。

【例 5.6】 设输入信号为 $m(t) = \cos 2\pi t$，载波中心频率 $f_c = 8$ Hz，调频器的压控振荡系数为 5 Hz/V，信号平均功率为 1 W。

(1) 画出该调频信号的波形；

(2) 求出该调频信号的振幅谱；

(3) 用鉴频器解调该调频信号，并与输入信号比较。

输入：

```
%FM modulation and demodulation
clear all;
close all;
Kf=5;
fc=8;      %载波频率为 8 Hz
fs=8*fc;
dt=1/fs;
N = 4096;
t=0:dt:(N-1)*dt;
%信源
fm=1;
mt=cos(2*pi*fm*t);    %信源信号
%FM 调制
A=sqrt(2);
mti=1/2/pi/fm*sin(2*pi*fm*t);     %mt 的积分函数
st=A*cos(2*pi*fc*t+2*pi*Kf*mti);
figure(1);
subplot(311);
plot(t, st); hold on;
plot(t, mt, 'r--');
xlabel('t');
title('调频信号');

subplot(312);
[f, sf]=T2F(t, st);
```

```
plot(f, abs(sf));
axis([-25 25 0 3]);
xlabel('f');
title('调频信号幅度谱');

%FM 解调
for k=1:length(st)-1
    rt(k)=(st(k+1)-st(k))/dt;
end
rt(length(st))=0;
subplot(313);
plot(t, rt); hold on;
plot(t, A*2*pi*Kf*mt+A*2*pi*fc, 'r--');
xlabel('t');
title('调频信号微分后包络');
```

调频信号及其解调如图 5.13 所示。

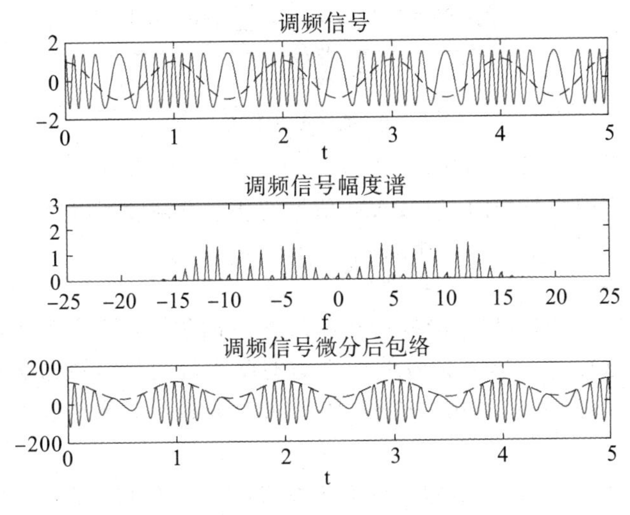

图 5.13　调频信号及其解调

5.4　数字调制系统的 MATLAB 仿真

在数字通信系统中，需要将输入的数字序列映射为信号波形在信道中传输，此时信源输出数字序列，经过信号映射后成为适于信道传输的数字调制信号。数字序列中每个数字产生的时间间隔称为码元间隔，单位时间内产生的符号数称为符号速率，它反映了数字符号产生的快慢程度。由于数字符号是按码元间隔不断产生的符号，因此经过将数字符号一一映射为相应的信号波形的过程后，就形成了数字调制信号。根据映射后信号的频谱特性，可以将信号分成基带信号和频带信号。

通常基带信号指信号的频谱为低通型，而频带信号的频谱为带通型。

5.4.1　数字基带传输

1. 数字基带信号

1）数字 PAM 信号

利用波形的不同幅度表示不同数字的信号称为脉冲幅度调制（Pulse Amplitude Modulation，PAM）信号，可以写成：

$$s(t)=\sum_{n}a_n g(t-nT_s) \tag{5.57}$$

其中，$g(t)$是该数字信号的波形信号，a_n 的取值与第 n 时刻的数字符号取值一一映射。例如，数字符号 0、1 分别对应幅度为+1 V、−1 V 的波形。

$$g(t)=\begin{cases}1 & 0\leqslant t<T_s\\ 0 & \text{其他}\end{cases}$$

数字 PAM 信号可以看成是一个输入的数字序列，经过脉冲成形滤波器后产生的信号，如图 5.14 所示。

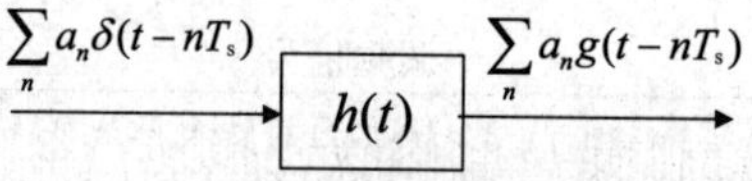

$\sum_n a_n\delta(t-nT_s)$ → $h(t)$ → $\sum_n a_n g(t-nT_s)$

图 5.14　数字基带信号成形

2）数字 PAM 信号的功率谱密度

设输入的数字序列是平稳的，则 PAM 信号的功率谱密度可以通过计算得到：

$$P_s(f)=\frac{1}{T_s}\sum_{n}R_a(n)\mathrm{e}^{-\mathrm{j}2\pi fnT_s}\mid G(f)\mid^2 \tag{5.58}$$

其中，$R_a(n)$是序列$\{a_n\}$的自相关函数，$G(f)$是 $g(t)$的频谱，T_s 是码元间隔。

由式(5.58)可以看到，PAM 信号的功率谱密度不仅受信号波形影响，同时受序列的自相关特性影响。因此，可以利用构造不同的自相关特性序列来改变数字基带信号的功率谱密度。

【例 5.7】 用 MATLAB 画出如下数字基带信号波形及其功率谱密度。

(1) 若 $g(t)=\begin{cases}1 & 0\leqslant t<T\\ 0 & \text{其他}\end{cases}$，输入二进制序列取值为 0 或 1（假设 0、1 等概率取值），则此波形称为单极性非归零波形；

(2) 若 $g(t)=\begin{cases}1 & 0\leqslant t<\tau<T_s\\ 0 & \text{其他}\end{cases}$，输入二进制序列取值 0 或 1（假设 0、1 等概率取值），则此波形称为单极性归零波形。

(3) 若 $g(t)=\sin(\pi t/T_s)/(\pi t/T_s)$，输入二进制序列取值 −1 或+1（假设等概率出现）。

```
function out=sigexpand(d, M)
%将输入的序列扩展成间隔为 N-1 个 0 的序列
N=length(d);
out=zeros(M, N);
out(1, :)=d;
```

```
out=reshape(out, 1, M * N);
```

输入：

```
%数字基带信号的功率谱密度 digit_baseband.m
clear all;
close all;
Ts=1;
N_sample = 8;             %每个码元的采样点数
dt = Ts/N_sample;         %采样时间间隔
N = 1000;                 %码元数
t=0:dt:(N * N_sample-1) * dt;

gt1 = ones(1, N_sample);          %NRZ 非归零(Non-return-to-zero, NRZ)波形
gt2 = ones(1, N_sample/2);        %RZ 归零波形
gt2 = [gt2 zeros(1, N_sample/2)];
mt3 = sinc((t-5)/Ts);  %sin(pi * t/Ts)/(pi * t/Ts)波形，截断取 10 个码元
gt3 = mt3(1:10 * N_sample);
d = (sign(randn(1, N))+1)/2;
data = sigexpand(d, N_sample);   %对序列间隔插入 N_sample-1 个 0
st1 = conv(data, gt1);           %调用 MATLAB 的卷积函数
st2 = conv(data, gt2);
d = 2 * d-1;  %变成双极性序列
data = sigexpand(d, N_sample);
st3 = conv(data, gt3);

[f, st1f]=T2F(t, st1(1:length(t)));
[f, st2f]=T2F(t, st2(1:length(t)));
[f, st3f]=T2F(t, st3(1:length(t)));
subplot(321);
plot(t, st1(1:length(t))); grid on;
axis([0 100 -1.5 1.5]);
title('单极性 NRZ 波形');
subplot(322);
plot(f, 10 * log10(abs(st1f).^2/Ts));
grid on;
axis([-5 5 -40 40]);
title('单极性 NRZ 功率谱密度(dB/Hz)');
subplot(323);
plot(t, st2(1:length(t)));
axis([0 20 -1.5 1.5]);
grid on;
title('单极性 RZ 波形');
subplot(324);
plot(f, 10 * log10(abs(st2f).^2/Ts));
```

```
axis([-5 5 -40 40]);
grid on;
title('单极性 RZ 功率谱密度(dB/Hz)');
subplot(325)
plot(t, st3(1:length(t)));
axis([0 20 -2 2]);grid on;
title('双极性 sinc 波形');
xlabel('t/Ts');
subplot(326)
plot(f, 10 * log10(abs(st3f).^2/Ts));
axis([-5 5 -40 40]);
grid on;
title('sinc 波形功率谱(dB/Hz)');
xlabel('f * Ts');
```

数字基带信号波形及其功率谱密度如图 5.15 所示。

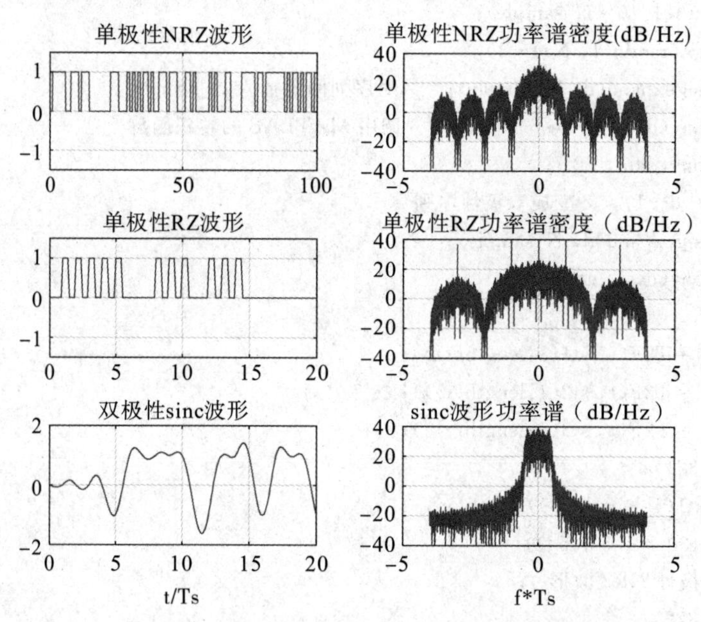

图 5.15　数字基带信号波形及其功率谱密度

2. 数字基带接收

数字基带信号接收的系统模型如图 5.16 所示。

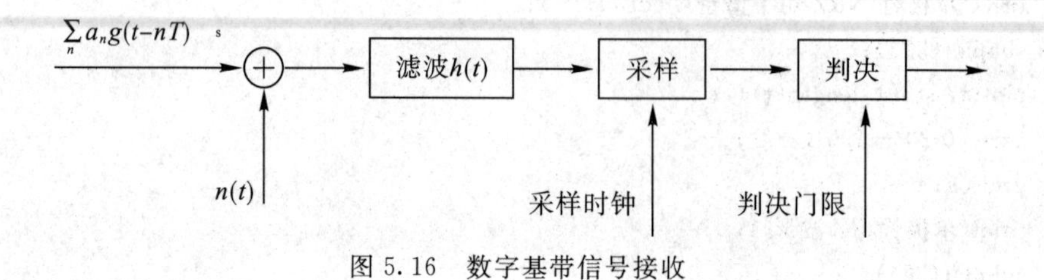

图 5.16　数字基带信号接收

接收信号经过滤波后，输出信号为

$$
\begin{aligned}
r(t) &= \sum_n a_n g(t-nT_s) \otimes h(t) + n(t) \otimes h(t) \\
&= \sum_n a_n \int_{-\infty}^{\infty} h(\tau) g(t-\tau-nT_s) \mathrm{d}\tau + \int_{-\infty}^{\infty} h(\tau) n(t-\tau) \mathrm{d}\tau
\end{aligned} \tag{5.59}
$$

$$
\begin{aligned}
r_k &= r(kT_s) \\
&= \sum_n a_n \int_{-\infty}^{\infty} h(\tau) g(kT_s-nT_s-\tau) \mathrm{d}\tau + \int_{-\infty}^{\infty} h(\tau) n(kT_s-\tau) \mathrm{d}\tau \\
&= \sum_n a_n f_{k-n} + \omega_k
\end{aligned} \tag{5.60}
$$

这里

$$
f_k = \int_{-\infty}^{\infty} h(\tau) g(kT_s-\tau) \mathrm{d}\tau \tag{5.61}
$$

$$
\omega_k = \int_{-\infty}^{\infty} h(\tau) n(kT_s-\tau) \mathrm{d}\tau \tag{5.62}
$$

$$
E[\omega_k]=0 \tag{5.63}
$$

$$
\begin{aligned}
E[\omega_k^2] &= E\left[\int_{-\infty}^{\infty}\int_{-\infty}^{\infty} h(\tau)h(v)n(kT_s-\tau)n(nT_s-v)\mathrm{d}v\mathrm{d}\tau\right] \\
&= \int_{-\infty}^{\infty}\int_{-\infty}^{\infty} \mathrm{E}[n(kT_s-\tau)n(kT_s-v)]h(\tau)h(v)\mathrm{d}\tau\mathrm{d}v \\
&= \int_{-\infty}^{\infty}\int_{-\infty}^{\infty} \frac{N_0}{2}\delta(v-\tau)h(\tau)h(v)\mathrm{d}\tau\mathrm{d}v \\
&- \frac{N_0}{2}\int_{-\infty}^{\infty} h(\tau)^2\mathrm{d}\tau
\end{aligned} \tag{5.64}
$$

因此，ω_k 是一个均值为0、方差为 $\sigma^2 = N_0\int_{-\infty}^{\infty} h(\tau)^2\mathrm{d}\tau/2$ 的高斯随机变量。

由式(5.60)得

$$
r_k = f_0 a_k + \sum_{n\neq k} f_{k-n} a_n + \omega_k \tag{5.65}
$$

因此，基带信号的接收可以等效成离散模型进行分析，正如式(5.65)所示，接收信号在 k 时刻的采样值取决于当前输入码元值、前后码元对其的干扰(码间干扰)和加性高斯白噪声。

【例5.8】 设二进制数字基带信号 $s(t) = \sum_n a_n g(t-nT_s)$，其中 $a_n \in \{+1, -1\}$，$g(t) = \begin{cases} 1 & 0 \leqslant t < T_s \\ 0 & \text{其他} \end{cases}$，加性高斯白噪声的双边功率谱密度为 $N_0/2 = 0$。

(1) 若接收滤波器的冲激响应函数 $h(t)=g(t)$，画出经过滤波器后的波形图；

(2) 若 $H(f)=\begin{cases} 1 & |f|\leqslant 5/(2T_s) \\ 0 & \text{其他} \end{cases}$，画出经过滤波器后的波形图。

输入：

```
%数字基带信号接收示意 digit_receive.m
clear all;
close all;
N=100;
```

```
N_sample=8;  %每码元采样点数
Ts=1;
dt=Ts/N_sample;
t=0:dt:(N*N_sample-1)*dt;

gt=ones(1, N_sample);              %数字基带波形
d=sign(randn(1, N));               %输入数字序列
a=sigexpand(d, N_sample);
st=conv(a, gt);                    %数字基带信号

ht1=gt;
rt1=conv(st, ht1);
ht2=5*sinc(5*(t-5)/Ts);
rt2=conv(st, ht2);
subplot(321)
plot(t, st(1:length(t)));
axis([0 20 -1.5 1.5]);
title('输入双极性 NRZ 数字基带波形');
subplot(322)
stem(t, a);
axis([0 20 -1.5 1.5]);
title('输入数字序列');

subplot(323);
plot(t, [0 rt1(1:length(t)-1)]/8);
axis([0 20 -1.5 1.5]);
title('方波滤波后输出');

subplot(324);
dd=rt1(N_sample:N_sample:end);
ddd=sigexpand(dd, N_sample);
stem(t, ddd(1:length(t))/8);
axis([0 20 -1.5 1.5]);
title('方波滤波后采样输出');
subplot(325);
plot(t-5, [0 rt2(1:length(t)-1)]/8);
axis([0 20 -1.5 1.5]);
xlabel('t/Ts');
title('理想低通滤波后输出');
subplot(326);
dd=rt2(N_sample-1:N_sample:end);
ddd=sigexpand(dd, N_sample);
stem(t-5, ddd(1:length(t))/8);
```

```
axis([0 20 -1.5 1.5]);
xlabel('t/Ts');
title('理想低通滤波后采样输出');
```

数字基带信号的接收如图 5.17 所示。

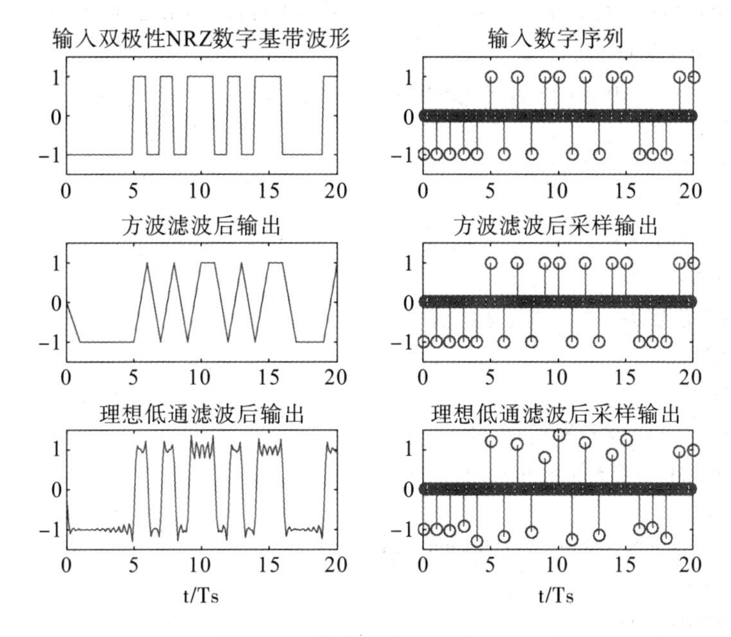

图 5.17　数字基带信号的接收

由图 5.17 可以看出，相同的基带信号，可以用不同的接收方法。通常数字通信中的性能以误码率为判断标准，相同信噪比下，能达到最小误码率被视为性能最佳。

3. 基带信号眼图

在数字基带系统的接收端用示波器观察接收信号，将接收信号输入示波器的垂直放大器，同时调整示波器的水平扫描周期为码元间隔的整数倍，则示波器上显示的波形形如一只只“眼睛”，称为基带信号的眼图。其实，基带信号的眼图形成原因是因为示波器的荧光显示屏光迹在信号消失后需要一段时间才能消失，因此显示在示波器上的是若干段的数字基带波形的叠加，呈现出眼图的形状。

【例 5.9】 设基带传输系统响应是 $\alpha=1$ 的升余弦滚降系统，画出接收端的基带数字信号波形及其眼图。

输入：

```
clear all;  %基带信号眼图，yt.m
close all;
Ts=1;
N_sample=17;
eye_num=7;
alpha=1;
N_data=1000;
dt=Ts/N_sample;
t=-3*Ts:dt:3*Ts;
```

```
%产生双极性数字信号
d=sign(randn(1, N_data));
dd=sigexpand(d, N_sample);
%基带系统冲击响应(升余弦)
ht=sinc(t/Ts).*(cos(alpha*pi*t/Ts))./(1-4*alpha^2*t.^2/Ts^2+eps);
st=conv(dd, ht);
tt=-3*Ts:dt:(N_data+3)*N_sample*dt-dt;
figure(1);
subplot(211)
plot(tt, st);
axis([0 20 -1.2 1.2]);
xlabel('t/Ts');
title('基带信号');
subplot(212);
%画眼图
ss=zeros(1, eye_num*N_sample);
ttt=0:dt:eye_num*N_sample*dt-dt;
for k=3:50
    ss=st(k*N_sample+1:(k+eye_num)*N_sample);
    drawnow;
    plot(ttt, ss);
    hold on;
end
xlabel('t/Ts');
title('基带信号眼图');
```

数字基带信号及其眼图如图 5.18 所示。

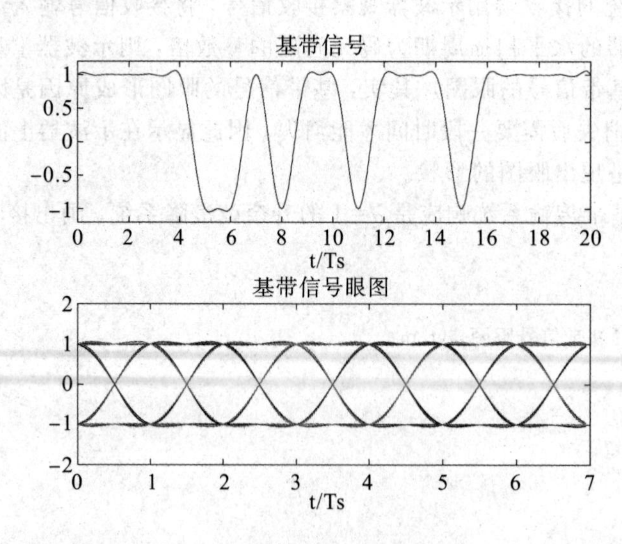

图 5.18 数字基带信号及其眼图

【例 5.10】 设二进制数字基带信号 $a_n \in \{+1, -1\}$，$g(t)=\begin{cases}1 & 0\leqslant t<T_s \\ 0 & 其他\end{cases}$，设加性高斯白噪声的双边功率谱密度为 $N_0/2=0$，画出眼图。

(1) 经过理想低通 $H(f)=\begin{cases}1 & |f|\leqslant 5/(2T_s) \\ 0 & 其他\end{cases}$ 后的眼图；

(2) 经过理想低通 $H(f)=\begin{cases}1 & |f|\leqslant 1/T_s \\ 0 & 其他\end{cases}$ 后的眼图。

输入：

```
%双极性 NRZ 基带信号经过带宽受限信道造成的码间串扰影响及其眼图，文件 mjgr.m
clear all;
close all;
N=1000;
N_sample=8;   %每码元采样点数
Ts=1;
dt=Ts/N_sample;
t=0:dt:(N*N_sample-1)*dt;

gt=ones(1, N_sample);           %数字基带波形
d=sign(randn(1, N));            %输入数字序列
a=sigexpand(d, N_sample);
st=conv(a, gt);                 %数字基带信号
ht1=2.5*sinc(2.5*(t-5)/Ts);
rt1=conv(st, ht1);
ht2=sinc((t-5)/Ts);
rt2=conv(st, ht2);
eyediagram(rt1+j*rt2, 40, 5);      %画眼图的函数，行 40 点，表示 5 只眼
```

有码间串扰的双极性 NRZ 信号经过理想低通后的眼图如图 5.19 所示。

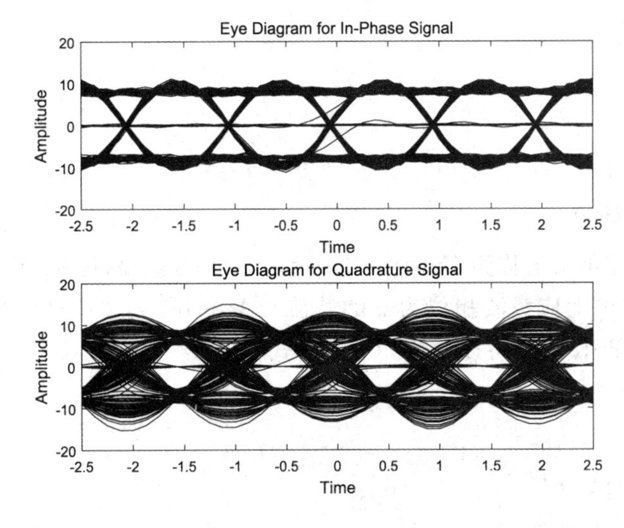

图 5.19　双极性 NRZ 信号经过理想低通后的眼图(有码间串扰)

可以看到，双极性 NRZ 信号经过不同带宽的滤波器后，输出信号的码间串扰大小不同。

5.4.2 数字频带传输

数字频带信号通常也称为数字调制信号，其信号频谱通常为带通型，适合在带通信道中传输。数字调制是将基带数字信号变换成适合带通信道传输的一种信号处理方式。正如模拟通信中介绍的一样，我们可以对基带信号进行频谱搬移，以便于信号在信道中传输，也可以通过频率调制、相位调制的方式来达到同样的目的。

1. 二进制幅度键控

二进制幅度键控英文全称为 On－Off Keying，简称为 OOK。

如果将二进制码元“0”对应信号 0，“1”对应信号 $A\cos 2\pi f_c t$，则 OOK 信号可以写成如下表达式：

$$s(t)=\left\{\sum_n a_n g(t-nT_s)\right\}A\cos 2\pi f_c t \tag{5.66}$$

其中，$a_n\in\{0,1\}$，$g(t)=\begin{cases}1 & 0\leqslant t<T_s\\ 0 & \text{其他}\end{cases}$。

可以看到，上式是数字基带信号 $m(t)=\sum_n a_n g(t-nT_s)$ 经过DSB调制后形成的信号。

OOK 信号的功率谱密度为

$$P_s(f)=\frac{A^2}{4}[P_m(f-f_c)+P_m(f+f_c)] \tag{5.67}$$

OOK 的调制框图如图 5.20 所示。

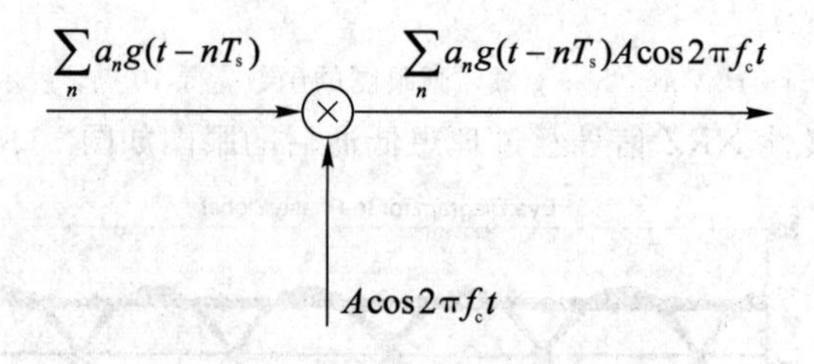

图 5.20 OOK 信号调制

2. 二进制相移键控

二进制相移键控英文全称为 Binary Phase Shift Keying，简称为 2PSK。

将二进制码元“0”对应载波相位为 π 的载波 $-A\cos 2\pi f_c t$，“1”对应载波相位为 0 的载波 $A\cos 2\pi f_c t$，则 2PSK 信号可以写成如下表达式：

$$s(t)=\left\{\sum_n a_n g(t-nT_s)\right\}A\cos 2\pi f_c t \tag{5.68}$$

其中，$a_n\in\{+1,-1\}$，$g(t)=\begin{cases}1 & 0\leqslant t<T_s\\ 0 & \text{其他}\end{cases}$。

2PSK 信号实现框图与 OOK 相同，只是输入是双极性的。2PSK 信号的功率谱密度为

$$P_s(f)=\frac{A^2}{4}[P_m(f-f_c)+P_m(f+f_c)] \tag{5.69}$$

3. 二进制频移键控

二进制频移键控英文全称为 Binary Frequency Shift Keying，简称为 2FSK。

将二进制码元“0”对应载波 $A\cos 2\pi f_2 t$，则形成 2FSK 信号，可以写成如下表达式：

$$\begin{aligned} s(t) &= \sum_n \overline{a_n} g(t-nT_s)A\cos(2\pi f_1 t+\varphi_n) \\ &+ \sum_n a_n g(t-nT_s)A\cos(2\pi f_2 t+\theta_n) \end{aligned} \tag{5.70}$$

当 $a_n=1$ 时，对应的传输信号频率为 f_2；当 $a_n=0$ 时，对应的传输信号频率为 f_1。上式中，φ_n、θ_n 是两个频率波的初相。2FSK 也可以写成如下形式：

$$s(t)=A\cos(2\pi f_c t+2\pi ht\sum_{n=-\infty}^{\infty} a_n g(t-nT_s)) \tag{5.71}$$

其中，$a_n\in\{+1, -1\}$，$f_c=(f_1+f_2)/2$，$g(t)=\begin{cases}1 & 0<t\leqslant T_s \\ 0 & \text{其他}\end{cases}$，$h=|f_c-f_1|$为频偏。

2FSK 信号可以看成是两个不同载波的 OOK 信号叠加的形式。

$$s(t)=s_1(t)\cos(\omega_1 t+\phi_1)+s_2(t)\cos(\omega_2 t+\phi_2) \tag{5.72}$$

当这两项不相关时(如载波之间频率差足够大)，它的功率谱密度为

$$P_s=\frac{1}{4}[P_{s1}(f+f_1)+P_{s1}(f-f_1)]+\frac{1}{4}[P_{s2}(f+f_2)+P_{s2}(f-f_2)] \tag{5.73}$$

【例 5.11】 用 MATLAB 产生独立等概的二进制信源。

(1) 画出 OOK 信号波形及其功率谱；

(2) 画出 2PSK 信号波形及其功率谱；

(3) 画出 2FSK 信号波形及其功率谱(设$|f_1-f_2|\gg 1/T_s$)。

输入：

```
%OOK、2PSK、2FSK 文件名 binarymod.m
clear all;
close all;
A=1;
fc=2;
N_sample=8;      %每码元采样点数
N=500;
Ts=1;
dt=Ts/fc/N_sample;      %波形采样间隔
t=0:dt:N*Ts-dt;
Lt=length(t);

%产生二进制信源
d=sign(randn(1, N));
dd=sigexpand((d+1)/2, fc*N_sample);
gt=ones(1, fc*N_sample);      %NRZ 波形
subplot(421);      %输入 NRZ 信号波形(单极性)
```

```
d_NRZ=conv(dd, gt);
plot(t, d_NRZ(1:length(t)));
axis([0 10 0 1.2]);
xlabel('输入信号')

subplot(422);      %输入信号 NRZ 频谱
[f, d_NRZf]=T2F(t, d_NRZ(1:length(t)));
plot(f, 10*log10(abs(d_NRZf).^2/Ts));
axis([-5 5 -50 50]);
xlabel('输入信号功率谱密度(dB/Hz)');

%OOK 信号
ht=A*cos(2*pi*fc*t);
s_2ask=d_NRZ(1:Lt).*ht;
subplot(423);
plot(t, s_2ask);
axis([0 10 -1.2 1.2]);
xlabel('OOK');
[f, s_2askf]=T2F(t, s_2ask);
subplot(424);
plot(f, 10*log10(abs(s_2askf).^2/4));
axis([-fc-4 fc+4  -50 50]);
xlabel('OOK 信号功率谱密度(dB/Hz)');

%2PSK 信号
d_2psk=2*d_NRZ-1;
s_2psk=d_2psk(1:Lt).*ht;
subplot(425);
plot(t, s_2psk);
axis([0 10  -1.2 1.2]);
xlabel('2PSK');
subplot(426);
[f, s_2pskf]=T2F(t, s_2psk);
plot(f, 10*log10(abs(s_2pskf).^2/4));
axis([-fc-4 fc+4  -50 50]);
xlabel('2PSK 功率谱密度(dB/Hz)');

%2FSK 信号
sd_2fsk=2*d_NRZ-1;
s_2fsk=A*cos(2*pi*fc*t+2*pi*sd_2fsk(1:length(t)).*t);
subplot(427)
plot(t, s_2fsk);
axis([0 10 -1.2 1.2]);
```

```
xlabel('2FSK');


subplot(428);
[f, s_2fskf]=T2F(t, s_2fsk);
plot(f, 10 * log10(abs(s_2fskf).^2/Ts));
axis([-fc-4 fc+4  -50 50]);
xlabel('2FSK 功率谱密度(dB/Hz)');
```

二进制调制波形及其频谱如图 5.21 所示。

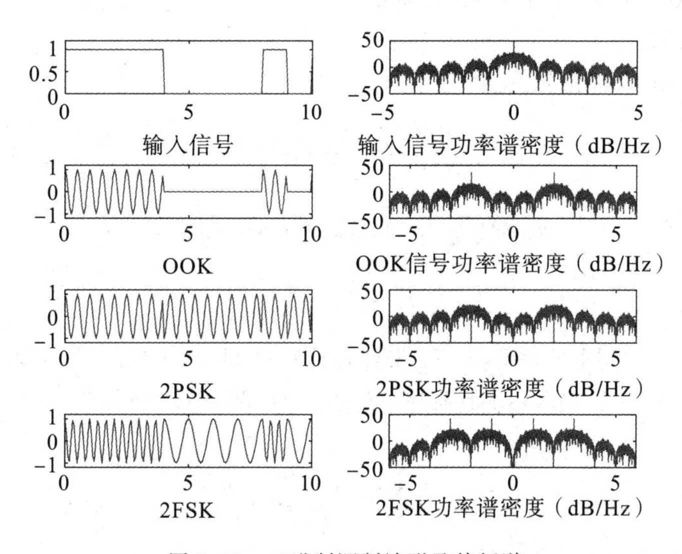

图 5.21　二进制调制波形及其频谱

本 章 小 结

本章从基本的基带信号讲起，阐述了基带信号和解析信号的关系，紧接着讲述了随机过程以及数字特征。在 5.3 和 5.4 节中重点对模拟信号和数字信号的调制方式，即模拟调制和数字调制进行了详细的讲解并给出对应的 MATLAB 仿真程序。

习　　题

1. 利用信号 $m(t)$，其中 $m(t)$的形式如下：

$$m(t)=\begin{cases} t & 0\leqslant t\leqslant 1 \\ -t+2 & 1\leqslant t\leqslant 2 \end{cases}$$

以 DSB - AM 方式调制载波频率为 25 Hz、幅度为 1 的载波产生已调信号 $u(t)$。写一个 MATLAB 的 M 文件，并用该文件完成下述任务。

(1) 画出已调信号；

(2) 求已调信号的功率；

(3) 求已调信号的振幅谱，并与消息信号 $m(t)$的频谱作比较。

2. 利用信号 $m(t)$，其中 $m(t)$满足如下形式：

$$m(t)=\begin{cases} t & 0\leqslant t\leqslant 1 \\ -t+2 & 1<t\leqslant 2 \\ 0.1 & \text{其他} \end{cases}$$

对频率为 1000 Hz 的载波进行频率调制 FM，频率偏移常数 $K_f=25$。

(1) 求已调信号的瞬时频率范围；

(2) 求已调信号的带宽；

(3) 画出消息信号和已调信号的振幅谱；

(4) 求调制指数。

3. 考虑二进制 FSK 信号为

$$u_1(t)=\sqrt{\frac{2\varepsilon_b}{T_b}}\cos(2\pi f_1 t),\ 0\leqslant t\leqslant T_b$$

$$u_2(t)=\sqrt{\frac{2\varepsilon_b}{T_b}}\cos(2\pi f_2 t),\ 0\leqslant t\leqslant T_b$$

$$f_2=f_1+\frac{1}{2T_b}$$

设 $f_1=1000/T_b$。通过用 $F_s=5000/T_b$ 采样在比特区间 $0\leqslant t\leqslant T_b$ 内对这两个波形采样得到 5000 个样本。写一个 MATLAB 程序，产生 $u_1(t)$和 $u_2(t)$的各 5000 个样本，并计算互相关系数 R：

$$R=\frac{1}{N}\sum_{n=0}^{N-1}u_1\left(\frac{n}{F_s}\right)u_2\left(\frac{n}{F_s}\right)$$

据此用数值方法确认 $u_1(t)$和 $u_2(t)$的正交性条件。

第 6 章　无线电信号处理与仿真应用

6.1　阵列信号处理概述

6.1.1　研究背景

阵列信号处理作为信号处理的一个重要分支，在通信、雷达、声呐、地震勘探、射电天文等领域内获得了迅速发展和广泛应用。阵列信号处理将一组传感器按一定方式布置在空间的不同位置上，形成传感器阵列。用传感器阵列来接收空间信号，相当于对空间分布的场信号采样，得到信号源的空间离散观测数据。阵列信号处理的目的是通过对阵列接收的信号进行处理，以增强所需的有用信号，抑制无用的干扰和噪声，并提取有用的信号特征以及信号所包含的信息。与传统的单个定向传感器相比，传感器阵列具有灵活的波束控制、高信号增益、极强的干扰抑制能力、高空间分辨能力等优点，这也是阵列信号处理理论近十年来得以蓬勃发展的根本原因。

6.1.2　发展史及研究现状

阵列信号处理的发展史最早可追溯到 20 世纪 40 年代的自适应天线组合技术，该技术使用锁相环进行天线跟踪。阵列信号处理的重要开端是 Howells 于 1965 年提出了自适应陷波的旁瓣对消器。紧接着，Widrow 于 1967 年提出了最小均方(LMS)自适应算法。另一个显著的进展是 1976 年，Applebaum 提出了使信干噪比(Signal to Interference plus Noise Ratio，SINR)最大化的反馈控制算法。其他几个里程碑式的工作是：Capon 于 1969 年提出的恒定增益指向最小方差波束成形器；Schmidt 于 1979 年提出的多重信号分类(Multiple Signal Classification，MUSIC)方法；Roy 等人于 1986 年发展的估计信号参数的旋转不变技术(Estimation of Signal Parameters Via Rotational Invariance Techniques，ESPRIT)。1978 年在军用通信系统中使用了自适应天线，1990 年开始在民用蜂窝式通信中使用天线阵列。

1. 空间谱估计

空间信号到达方向(Direction of Arrival，DOA)估计问题是阵列处理的一个主要方面，也是雷达、声呐等许多领域的重要任务之一。

DOA 估计的基本问题就是确定同时处在空间某一区域内的多个感兴趣信号的空间位置(即各个信号到达阵列参考阵元的方向角，简称波达方向)。这些估计的分辨率取决于阵列长度，阵列长度确定后，其分辨率也会被确定，称为瑞利限。超瑞利限的方法称为超分辨方法。最早的超分辨 DOA 估计方法是著名的 MUSIC 方法和 ESPRIT 方法，它们同属特征结构的子空间方法。

子空间方法建立在这样一个基本观察之上：若传感器个数比信源个数多，则阵列数据的信号分量一定位于一个低秩的子空间。在一定条件下，这个子空间将唯一确定信号的波达方向，并且可以使用数值稳定的奇异值分解精确地确定波达方向。

2. 波束成形技术

波束成形(Beamforming，BF)亦称空域滤波，是阵列处理的另一个基本问题，逐步成为阵列信号处理的标志之一。波束成形的实质是通过对各阵元加权进行空域滤波，来达到增强期望信号、抑制干扰的目的，而且可以根据信号环境的变化自适应地改变各阵元的加权因子。

自从"自适应天线"这个术语被提出以来，自适应天线至今已经历了50多年的发展，自适应研究的重点一直是自适应波束成形算法。经过前人的努力，目前已出现许多优秀的算法。自适应阵列的优良性能可通过自适应算法来实现。有多种准则来确定自适应权向量，包括最小均方误差(Mean Square Error，MSE)准则、最大信干噪比(SINR)准则、最大似然比(Maximum Likelihood，ML)准则和最小噪声方差准则。

在理想情况下，这四种准则得到的权向量等价。因此，在自适应算法中选用哪一种性能度量并不重要，选择什么样的算法来调整波束方向图进行自适应控制才非常重要。自适应算法主要分为闭环算法和开环算法，早期主要注重于闭环算法的研究。

6.2　阵列系统模型

信号在无线信道中的传输情况极其复杂，其严格数字模型的建立需要对物理环境进行完整描述，但这种做法往往很复杂。为了得到一个比较有用的参数化模型，必须简化有关波形传输的假设。在此提出假设如下：

(1) 关于接收天线阵的假设。

天线阵列中的独立单元一般称为阵元或天线单元。接收阵列由位于空间已知坐标处的无源阵元按一定的形式排列而成。为了简化系统模型，假设阵元的接收特性仅与其位置有关而与其尺寸无关(即认为阵元是一个点)，且阵元全都是全向阵元，增益均相等，相互之间的互耦忽略不计。

阵元接收信号时会产生噪声，假设其为加性高斯白噪声，各阵元上的噪声互相统计独立，且同一阵元上的噪声与信号也互相统计独立。

(2) 关于空间源信号的假设。

假设空间信号的传播介质具有均匀且各向同性的性质，以保证空间信号在介质中按直线传播。在此基础之上，假设阵列处在空间信号辐射的远场，使得空间信号到达阵列时可以看作一束平行的平面波。基于上述假设可知：空间源信号到达阵列各阵元的不同时延，可由阵列的几何结构和空间波的来向所决定。在三维空间中，常用仰角θ和方位角ϕ来表征空间波的来向。

在以上假设条件约束下，可以得到比较有用的参数化模型。这些假设对本章中涉及的所有算法都具有约束力。

6.2.1　阵列流形

无线电波从点辐射源以球面波的形式向外传播，只要离辐射源足够远，在接收的局部区域球面波就可以近似为平面波。一般地，雷达和通信信号的传播满足远场条件。

假设空间中有一信号源，发出的信号以平面波的形式沿波束向量 $\boldsymbol{k}$ 方向在空间中传播，如图 6.1 所示。

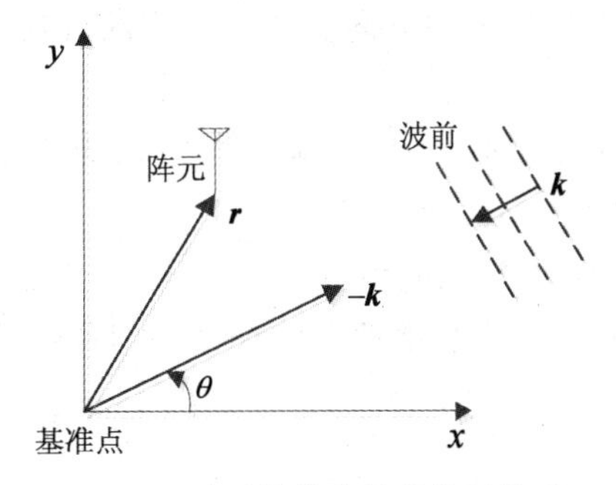

图 6.1　阵元接收信号的位置关系

令信号载波为 $e^{j\omega t}$，基带信号为 $s_B(t)$，基准点处接收到的信号为 $s(t)=s_B(t)e^{j\omega t}$，则距离基准点 $\boldsymbol{r}$ 处的阵元接收的信号为

$$s_r(t)=s_B(t-\boldsymbol{r}^{\mathrm{T}}\boldsymbol{\alpha}/c)\exp[\mathrm{j}(\omega t-\boldsymbol{r}^{\mathrm{T}}\boldsymbol{k})] \tag{6.1}$$

其中，$\boldsymbol{k}=\boldsymbol{k}\ [\cos\theta,\ \sin\theta]^{\mathrm{T}}$ 为波束向量，$|\boldsymbol{k}|=\omega/c=2\pi/\lambda$ 为波数，c 为平面波传播的速度即光速，λ 为平面波长，$\boldsymbol{\alpha}=\boldsymbol{k}/|\boldsymbol{k}|$ 为平面波传播方向的单位向量，则 $\boldsymbol{r}^{\mathrm{T}}\boldsymbol{\alpha}$ 表示阵元到基准点的距离在平面波传播方向 $\boldsymbol{\alpha}$ 上的投影长度，$\boldsymbol{r}^{\mathrm{T}}\boldsymbol{\alpha}/c$ 表示平面波到达阵元相对于基准点的时间延迟，$\boldsymbol{r}^{\mathrm{T}}\boldsymbol{k}$ 表示平面波到达阵元相对于基准点的滞后相位(弧度)。

假设空间中有 M 个阵元组成阵列，将阵元从 1 到 M 进行编号，并以 1 号阵元作为基准参考点。假设各阵元都是全向天线，则相对于基准点的位置向量分别为 $r_i(i=1,\ 2,\ \cdots,\ M,\ r_1=0)$。若基准点处接收到的信号为 $s_B(t)e^{j\omega t}$，则各阵元上的接收信号分别为

$$s_i(t)=s_B(t-\boldsymbol{r}_i^{\mathrm{T}}\boldsymbol{\alpha}/c)\exp[\mathrm{j}(\omega t-\boldsymbol{r}_i^{\mathrm{T}}\boldsymbol{k})] \tag{6.2}$$

在无线通信传输中，信号频带 B 远远小于载波频率，因此基带信号 $s_B(t)$ 变化相对缓慢。又因为时延 $\boldsymbol{r}^{\mathrm{T}}\boldsymbol{\alpha}/c\ll 1/B$，故有 $s_B(t-\boldsymbol{r}_i^{\mathrm{T}}\boldsymbol{\alpha}/c)\approx s_B(t)$。因此，信号包络在各阵元上的差异可以忽略不计。此时，各阵元上的接收信号可以简化为如下形式：

$$s_i(t)=s_B(t)\exp[\mathrm{j}(\omega t-\boldsymbol{r}_i^{\mathrm{T}}\boldsymbol{k})]=s_B(t)e^{j\omega t}e^{-\boldsymbol{r}_i^{\mathrm{T}}\boldsymbol{k}}=s(t)e^{-\boldsymbol{r}_i^{\mathrm{T}}\boldsymbol{k}} \tag{6.3}$$

其中，$s(t)=s_B(t)e^{j\omega t}$ 为基准点处接收到的解析信号。

若把各阵元接收到的信号按顺序排列写成向量形式，则有：

$$s(t)=[s_1(t),\ s_2(t),\ \cdots,\ s_M(t)]^{\mathrm{T}}=s(t)[e^{-\boldsymbol{r}_1^{\mathrm{T}}\boldsymbol{k}},\ e^{-\boldsymbol{r}_2^{\mathrm{T}}\boldsymbol{k}},\ \cdots,\ e^{-\boldsymbol{r}_M^{\mathrm{T}}\boldsymbol{k}}]^{\mathrm{T}} \tag{6.4}$$

其中，向量 $[e^{-\boldsymbol{r}_1^{\mathrm{T}}\boldsymbol{k}},\ e^{-\boldsymbol{r}_2^{\mathrm{T}}\boldsymbol{k}},\ \cdots,\ e^{-\boldsymbol{r}_M^{\mathrm{T}}\boldsymbol{k}}]^{\mathrm{T}}$ 称为方向向量或响应向量，记为 $\boldsymbol{a}(\theta)$。当波长和阵列的几何结构确定时，$e^{-\boldsymbol{r}^{\mathrm{T}}\boldsymbol{k}}$ 只与平面波到达的空间角 θ 有关。因此方向向量 $\boldsymbol{a}(\theta)$ 只与平面波到达的空间角向量 $\boldsymbol{\theta}$ 有关，且方向向量 $\boldsymbol{a}(\theta)$ 必须与空间角向量 $\boldsymbol{\theta}$ 一一对应。

假设空间中有 K 个信号源，则各阵元接收到的信号为多个信号叠加的形式。将各阵元接收到的信号表示成向量的形式：

$$\begin{aligned}\boldsymbol{S}(t)&=\boldsymbol{s}_1(t)+\boldsymbol{s}_2(t)+\cdots+\boldsymbol{s}_K(t)\\&=s_1(t)\boldsymbol{a}(\theta_1)+s_2(t)\boldsymbol{a}(\theta_2)+\cdots+s_K(t)\boldsymbol{a}(\theta_K)\\&=[\boldsymbol{a}(\theta_1),\ \boldsymbol{a}(\theta_2),\ \cdots,\ \boldsymbol{a}(\theta_K)][s_1(t),\ s_2(t),\ \cdots,\ s_K(t)]^{\mathrm{T}}\end{aligned} \tag{6.5}$$

其中，$\boldsymbol{s}_j(t)$（$j=1, 2, \cdots, K$）为各阵元接收到第 j 个信号源的信号向量，$s_j(t)$为基准点处第 j 个信号源的解析信号，$\boldsymbol{a}(\theta_j)$为第 j 个信号源的方向向量。

式(6.5)中，K 个方向向量组成的矩阵$\boldsymbol{A}=[\boldsymbol{a}(\theta_1), \boldsymbol{a}(\theta_2), \cdots, \boldsymbol{a}(\theta_K)]$称为阵列的方向矩阵或响应矩阵，它表示所有信号源的方向。方向矩阵的行数由阵元数目决定，列数由信号源数目决定。

若改变空间角 θ，使方向向量 $\boldsymbol{a}(\theta)$在 M 维空间中扫描，则所形成的曲面称为阵列流形。阵列流形常用符号 $\boldsymbol{A}$ 表示，即有：

$$\boldsymbol{A}=\{\boldsymbol{a}(\theta) \mid \theta=[0, 2\pi)\} \tag{6.6}$$

其中，$\theta=[0, 2\pi)$是波达方向 θ 所有可能取值的集合。因此，阵列流形 $\boldsymbol{A}$ 即为阵列方向向量的集合。

6.2.2　统计模型

假设有一个天线阵列，由 M 个具有任意方向性的阵元任意排列构成。有 $K<M$ 个中心频率为 ω_0、波长为 λ 的空间窄带平面波分别以来向角 $\Theta_1, \Theta_2, \cdots, \Theta_K$ 入射到该阵列。来向角 $\Theta_i=(\theta_i, \phi_i)(i=1, 2, \cdots, K)$，其中，$\theta_i$ 和 ϕ_i 分别是第 i 个信号的仰角和方位角，如图 6.2 所示，$0\leqslant\theta_i<\pi/2$，$0\leqslant\phi_i<2\pi$。

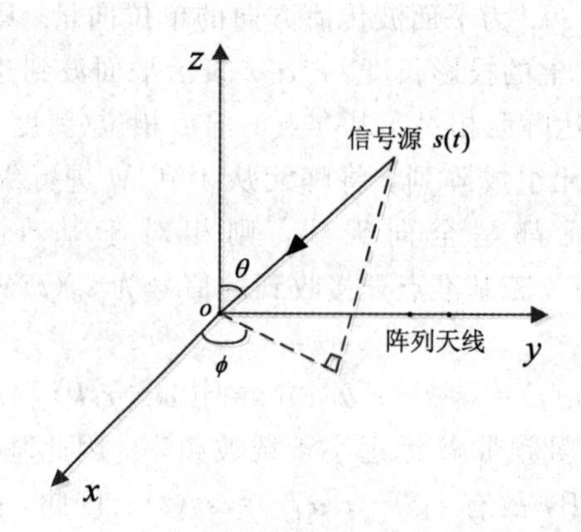

图 6.2　波达方向

阵元的输出会附带加性噪声，因此，阵列第 m 个阵元的输出包括接收到各信号源的信号以及加性噪声，表示为

$$x_m(t)=\sum_{i=1}^{K} s_i(t)\mathrm{e}^{\mathrm{j}\omega_0\tau_m(\Theta_i)}+n_m(t) \tag{6.7}$$

其中，$s_i(t)$为投射到阵列的第 i 个源信号，$\tau_m(\Theta_i)$为来自 Θ_i 方向的源信号投射到第 m 个阵元时，对于选定参考点的时延，$n_m(t)$为第 m 个阵元的加性噪声。

将各个阵元上的输出以及各个阵元上的加性噪声按顺序写成向量形式，则有：

$$\boldsymbol{X}(t)=[x_1(t), x_2(t), \cdots, x_M(t)]^{\mathrm{T}} \tag{6.8}$$

$$\boldsymbol{N}(t)=[n_1(t), n_2(t), \cdots, n_M(t)]^{\mathrm{T}} \tag{6.9}$$

其中，$\boldsymbol{X}(t)$和 $\boldsymbol{N}(t)$都是 $M\times1$ 维的向量。

同时，将各个信号源按顺序写成 $K\times1$ 维向量的形式，则有：

$$\boldsymbol{S}(t)=[s_1(t), s_2(t), \cdots, s_K(t)]^{\mathrm{T}} \tag{6.10}$$

由式(6.5)可知，各阵元接收到的信号可以写成方向矩阵和信号源向量乘积的形式 $\boldsymbol{A}(\Theta)\boldsymbol{S}(t)$。其中，$\boldsymbol{A}(\Theta)=[\boldsymbol{a}(\Theta_1), \boldsymbol{a}(\Theta_2), \cdots, \boldsymbol{a}(\Theta_K)]$ 为 $M\times K$ 的方向矩阵，$\boldsymbol{a}(\Theta_i)$ 为 $M\times 1$ 的第 i 个信号源的方向向量。

由此，阵列信号模型可以简练地表示为

$$\boldsymbol{X}(t)=\boldsymbol{A}(\Theta)\boldsymbol{S}(t)+\boldsymbol{N}(t) \tag{6.11}$$

显然，矩阵 $\boldsymbol{A}(\Theta)$ 与阵列的形状、平面波的来向有关。在实际应用中，天线阵的形状一旦固定就不会改变了。因此，矩阵 $\boldsymbol{A}(\Theta)$ 中的任意列向量总是和某个空间源信号的来向紧密联系。

6.2.3　天线阵列

常见的阵列形式包括：均匀线阵、均匀圆阵、L 型阵、Y 型阵、面阵等，本小节只详细介绍均匀线阵的模型。

1. 均匀线阵

均匀线阵(Uniform Linear Array，ULA)是指阵元等距离排列成一条直线形成的阵列。均匀线阵模型如图 6.3 所示，空间中位于一条直线上的 M 根全向天线，间距相等且为 d，平面波来向与阵元所在直线的法线夹角为 $\theta\in[-\pi/2, \pi/2]$。

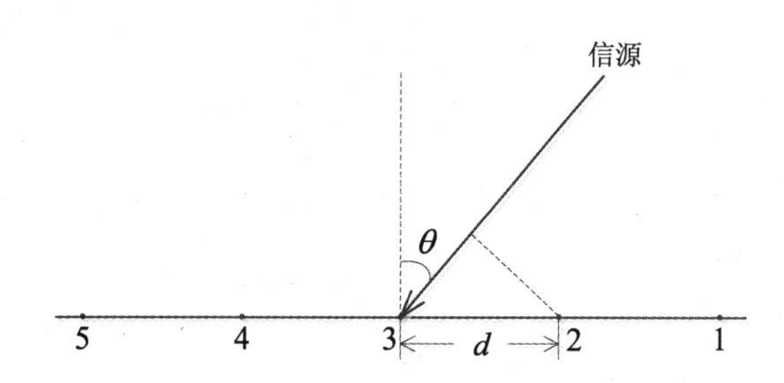

图 6.3　均匀线阵

假设接收信号满足窄带条件，即信号经过阵列长度所需要的时间应远远小于信号的相干时间，信号包络在天线阵传播时间内变化不大。

以阵元 1 为参考点，假设阵元 1 在 t 时刻的接收信号为 $s(t)$，载波频率为 f_c，在单信号源的情况下，各阵元接收到的信号按顺序构成的向量为

$$s(t)=s(t)[1, \mathrm{e}^{-\mathrm{j}2\pi f_c \frac{d}{c}\sin\theta_i}, \mathrm{e}^{-\mathrm{j}2\pi f_c 2\frac{d}{c}\sin\theta_i}, \cdots, \mathrm{e}^{-\mathrm{j}2\pi(M-1) f_c \frac{d}{c}\sin\theta_i}]^{\mathrm{T}} \tag{6.12}$$

其中，$d\sin\theta/c$ 为平面波到达 2 号阵元相对于基准点的时延。由于各阵元之间距离相等且为 d，因此各阵元相对于基准点的时延是成倍增长的，为 $d\sin\theta/c$ 的倍数。

下面讨论多个信号源的情况。

假设空间中有 K 个信号源，对应的平面波来向为 $\theta_i(i=1, 2, \cdots, K)$，对应的基准点处 t 时刻接收到的信号为 $s_i(t)$ $(i=1, 2, \cdots, K)$，载波频率为 f_c，此时，均匀线阵的响应向量为

$$\boldsymbol{a}(\theta_i)=[1, \mathrm{e}^{-\mathrm{j}2\pi f_c \frac{d}{c}\sin\theta_i}, \mathrm{e}^{-\mathrm{j}2\pi f_c 2\frac{d}{c}\sin\theta_i}, \cdots, \mathrm{e}^{-\mathrm{j}2\pi(M-1) f_c \frac{d}{c}\sin\theta_i}]^{\mathrm{T}} \tag{6.13}$$

均匀线阵的响应矩阵为

$$\boldsymbol{A}=[\boldsymbol{a}(\theta_1), \boldsymbol{a}(\theta_2), \cdots, \boldsymbol{a}(\theta_K)] \tag{6.14}$$

综上，均匀线阵各阵元接收到的信号为 $\boldsymbol{AS}(t)$。其中，响应矩阵 $\boldsymbol{A}$ 是一个 $M\times K$ 维的矩阵，信号源 $\boldsymbol{S}(t)=[s_1(t), s_2(t), \cdots, s_K(t)]^{\mathrm{T}}$ 是一个 $K\times 1$ 维的向量。

【例 6.1】 自行封装函数 ula，在阵元个数为 m，阵元间距为 d，波达方向为 θ，载频为 f_c 的情况下，生成均匀线阵的响应向量。

```
function av = ula(m, d, theta, fc)
%m为阵元个数，d为阵元间距，theta为信号入射角度，fc为载频
lamda = 3e8/fc; %波长
a = exp(-j*2*pi*d*sin(theta*pi./180)/lamda);
for n = 1:m
    av(n) = a.^(n-1)
end
```

输入：

```
%阵元8个，载频5×10^6，θ=0°，阵元间距λ/2
x = ula(8, 3e8/5e6/2, 0, 5e6)
%阵元8个，载频5×10^6，θ=30°，阵元间距λ/2
y = ula(8, 3e8/5e6/2, 30, 5e6)
```

输出：

```
x =
    1
    1
    1
    1
    1
    1
    1
    1
y =
     1.0000 + 0.0000i
     0.0000 - 1.0000i
    -1.0000 - 0.0000i
    -0.0000 + 1.0000i
     1.0000 + 0.0000i
     0.0000 - 1.0000i
    -1.0000 - 0.0000i
    -0.0000 + 1.0000i
```

2. 均匀圆阵

均匀圆形阵列简称为均匀圆阵，它有 M 个相同的全向天线均匀分布在 xoy 平面上的一个半径为 R 的圆周上，均匀圆阵的模型如图 6.4 所示。图中采用球面坐标系表示入射平面波的波达方向，坐标系的原点在均匀圆阵的圆心。信号源的俯角 θ 是原点到信号源的连线与 z 轴之间的夹角，方位角 ϕ 则是原点到信号源的连线在 xoy 平面上的投影与 x 轴之间的夹角。

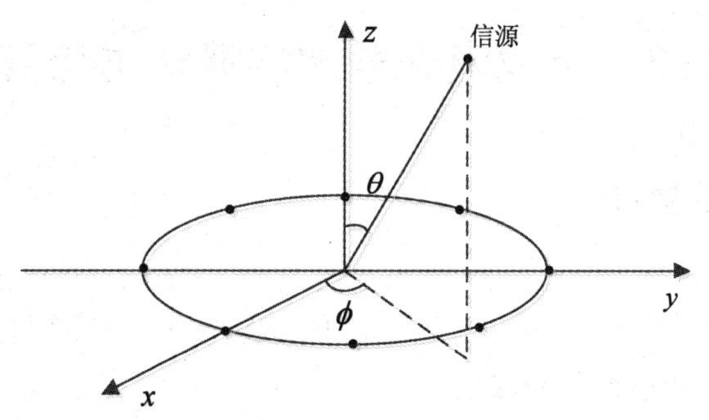

图 6.4　均匀圆阵

方向向量 $\boldsymbol{a}(\theta,\ \phi)$ 是平面波来向为 $(\theta,\ \phi)$ 的阵列响应，可表示为

$$\boldsymbol{a}(\theta,\ \phi)=\begin{bmatrix}\exp[\mathrm{j}2\pi R\sin\theta\cos(\phi-\gamma_0)/\lambda]\\ \exp[\mathrm{j}2\pi R\sin\theta\cos(\phi-\gamma_1)/\lambda]\\ \vdots\\ \exp[\mathrm{j}2\pi R\sin\theta\cos(\phi-\gamma_{M-1})/\lambda]\end{bmatrix}\tag{6.15}$$

其中，$\gamma_m=2\pi m/M\ (m=0,\ 1,\ \cdots,\ M-1)$ 表示阵元在圆周上的位置，R 为圆阵半径，λ 为平面波波长。

3. L 型阵

L 型阵列结构如图 6.5 所示。L 型阵由 x 轴上的 N 个阵元的均匀线阵和 y 轴上的 M 个阵元的均匀线阵组成，共有 $M+N-1$ 个阵元，相邻阵元间距离相等且为 d。假设空间有 K 个信号源照射到此阵列上，其二维波达方向为 $(\theta_i,\ \phi_i)$ $(i=1,\ 2,\ \cdots,\ K)$，其中 θ_i 和 ϕ_i 分别代表第 k 个信源的仰角和方位角。

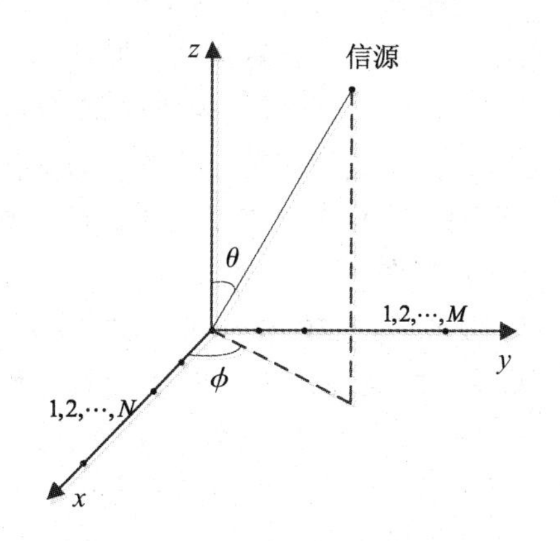

图 6.5　L 型阵示意图

x 轴上 N 个阵元对应的方向矩阵为

$$\boldsymbol{A}_x=\begin{bmatrix}1 & 1 & \cdots & 1\\ \mathrm{e}^{-\mathrm{j}\frac{2\pi d\cos\phi_1\sin\theta_1}{\lambda}} & \mathrm{e}^{-\mathrm{j}\frac{2\pi d\cos\phi_2\sin\theta_2}{\lambda}} & \cdots & \mathrm{e}^{-\mathrm{j}\frac{2\pi d\cos\phi_K\sin\theta_K}{\lambda}}\\ \vdots & \vdots & \vdots & \vdots\\ \mathrm{e}^{-\mathrm{j}\frac{2\pi d(N-1)\cos\phi_1\sin\theta_1}{\lambda}} & \mathrm{e}^{-\mathrm{j}\frac{2\pi d(N-1)\cos\phi_2\sin\theta_2}{\lambda}} & \cdots & \mathrm{e}^{-\mathrm{j}\frac{2\pi d(N-1)\cos\phi_K\sin\theta_K}{\lambda}}\end{bmatrix}\tag{6.16}$$

y 轴上 M 个阵元对应的方向矩阵为

$$\boldsymbol{A}_y=\begin{bmatrix}1 & 1 & \cdots & 1\\ \mathrm{e}^{-\mathrm{j}\frac{2\pi d\sin\phi_1\sin\theta_1}{\lambda}} & \mathrm{e}^{-\mathrm{j}\frac{2\pi d\sin\phi_2\sin\theta_2}{\lambda}} & \cdots & \mathrm{e}^{-\mathrm{j}\frac{2\pi d\sin\phi_K\sin\theta_K}{\lambda}}\\ \vdots & \vdots & \vdots & \vdots\\ \mathrm{e}^{-\mathrm{j}\frac{2\pi d(M-1)\sin\phi_1\sin\theta_1}{\lambda}} & \mathrm{e}^{-\mathrm{j}\frac{2\pi d(M-1)\sin\phi_2\sin\theta_2}{\lambda}} & \cdots & \mathrm{e}^{-\mathrm{j}\frac{2\pi d(M-1)\sin\phi_K\sin\theta_K}{\lambda}}\end{bmatrix}\tag{6.17}$$

观察易知，$\boldsymbol{A}_x$ 和 $\boldsymbol{A}_y$ 都是范德蒙矩阵。

6.3 无线电信号测向算法与仿真

6.3.1 MUSIC算法原理

多信号分类(MUSIC)算法是1979年由美国人R. O. Schmidt提出的，它标志着空间谱估计测向进入了繁荣发展阶段。它将“向量空间”的概念引入了空间谱估计领域，经过三十年的发展，可以说其理论已经比较成熟。

自20世纪80年代以来，人们对基于特征分解的超分辨率空间谱估计算法进行了广泛深入的研究，并提出了一系列高效的处理方法，其中最经典的是MUSIC算法。这种算法要经过一维搜索才能求出信源的来向，而相对最大似然和加权子空间拟合等多维搜索算法，它的运算量已经减少了很多。以MUSIC为代表的算法存在一个缺点，即对相干信号处理得不理想。在针对相干信号源的一系列处理方案中，比较经典的是空间平滑技术，如空间平滑和修正的空间平滑算法。然而，空间平滑技术以损失阵列有效孔径为代价，而且只适用于等距均匀线阵。

事实上空间谱估计算法都是在已知信号源数目的情况下进行计算的，而这在实际应用中难以实现，只能根据观测数据对源数目进行估计。R. O. Schmidt在他的经典之作中提出了依据阵列协方差矩阵特征值的分布来估计信号源的方法。这种方法在理论上可行，至少对独立源和部分相关源来说是正确的，但实际上由于数据长度有限，因此很大程度上只能依靠主观判断来确定源数。

该算法所代表的超分辨算法提供了超过以往任何一种测向体制的测向分辨力。MUSIC对入射波到达方向的估计具有渐进无偏特性和超分辨特性，即其估计精度接近Cramer-Rao方差下限，能够分辨同信道内同时到达的处于天线固有波束宽度内的多个信号，因此可用于现代战争中高密度环境下的无线电信号测向。

以均匀线阵为例，设阵元数为M，阵元间距为d，共有p个信源，$M>p$。假设波达方向为θ_1，θ_2，…，θ_p，并以阵列的第一个阵元作为基准点，各信号源在基准点的复包络分别为$s_1(t)$，$s_2(t)$，…，$s_P(t)$，则第m个阵元在t时刻接收的数据为

$$x_m(t)=\sum_{i=1}^{P}s_i(t)\mathrm{e}^{-\mathrm{j}\frac{2\pi}{\lambda}(m-1)d\sin\theta_i}+n_m(t) \tag{6.18}$$

其中，$n_m(t)$表示第m个阵元上的噪声。

根据式(6.18)，将各阵元在t时刻接收到的信号写成向量形式：

$$\boldsymbol{x}(t)=\boldsymbol{A}\boldsymbol{s}(t)+\boldsymbol{n}(t) \tag{6.19}$$

其中，$\boldsymbol{s}(t)$为信源发出的信号组成的向量，前文已假设每一个信源发出的信号相互独立且均值为零，$\boldsymbol{A}$为响应矩阵，$\boldsymbol{n}(t)$为各阵元处的加性高斯白噪声组成的噪声向量。

因此，阵列输出的协方差矩阵为

$$\begin{aligned}\boldsymbol{R}&=\mathrm{E}\{\boldsymbol{x}(t)\boldsymbol{x}^{\mathrm{H}}(t)\}\\&=\mathrm{E}\{[\boldsymbol{A}\boldsymbol{s}(t)+\boldsymbol{n}(t)][\boldsymbol{s}^{\mathrm{H}}(t)\boldsymbol{A}^{\mathrm{H}}+\boldsymbol{n}^{\mathrm{H}}(t)]\}\\&=\mathrm{E}\{\boldsymbol{A}\boldsymbol{s}(t)\boldsymbol{s}^{\mathrm{H}}(t)\boldsymbol{A}^{\mathrm{H}}+\boldsymbol{A}\boldsymbol{s}(t)\boldsymbol{n}^{\mathrm{H}}(t)+\boldsymbol{n}(t)\boldsymbol{s}^{\mathrm{H}}(t)\boldsymbol{A}^{\mathrm{H}}+\boldsymbol{n}(t)\boldsymbol{n}^{\mathrm{H}}(t)\}\end{aligned} \tag{6.20}$$

信号与噪声不相关，则有$\mathrm{E}\{\boldsymbol{A}\boldsymbol{s}(t)\boldsymbol{n}^{\mathrm{H}}(t)\}=\mathrm{E}\{\boldsymbol{n}(t)\boldsymbol{s}^{\mathrm{H}}(t)\boldsymbol{A}^{\mathrm{H}}\}=0$。

响应矩阵 $\boldsymbol{A}$ 在观测时间内是不变的，可以将第一项中矩阵 $\boldsymbol{A}$ 提出得到：

$$\mathrm{E}\{\boldsymbol{A}\boldsymbol{s}(t)\boldsymbol{s}^{\mathrm{H}}(t)\boldsymbol{A}^{\mathrm{H}}\}=\boldsymbol{A}\mathrm{E}\{\boldsymbol{s}(t)\boldsymbol{s}^{\mathrm{H}}(t)\}\boldsymbol{A}^{\mathrm{H}}=\boldsymbol{A}\boldsymbol{R}_{\mathrm{S}}\boldsymbol{A}^{\mathrm{H}} \tag{6.21}$$

由于来自不同信源的信号互不相关且均值为零，则有：

$$\begin{cases}\mathrm{E}\{\boldsymbol{s}_i(t)\boldsymbol{s}_j(t)\}=0 & i\neq j\\ \mathrm{E}\{\boldsymbol{s}_i(t)\boldsymbol{s}_j(t)\}=\sigma_i^2 & i=j\end{cases} \tag{6.22}$$

因此，矩阵 $\boldsymbol{R}_{\mathrm{S}}=E\{\boldsymbol{s}(t)\boldsymbol{s}^{\mathrm{H}}(t)\}$ 是一个对角矩阵。同样的，各阵元处的加性高斯白噪声同样互不相关且均值为零。

$$\begin{cases}\mathrm{E}\{\boldsymbol{n}_i(t)\boldsymbol{n}_j(t)\}=0 & i\neq j\\ \mathrm{E}\{\boldsymbol{n}_i(t)\boldsymbol{n}_j(t)\}=\sigma_n^2 & i=j\end{cases} \tag{6.23}$$

综上，协方差矩阵可以转换成如下形式：

$$\boldsymbol{R}=\boldsymbol{A}\boldsymbol{R}_{\mathrm{S}}\boldsymbol{A}^{\mathrm{H}}+\sigma_n^2\boldsymbol{I}_M \tag{6.24}$$

由于对角矩阵 $\boldsymbol{R}_{\mathrm{S}}$ 是满秩的，$\boldsymbol{A}\boldsymbol{R}_{\mathrm{S}}\boldsymbol{A}^{\mathrm{H}}$ 的秩由响应矩阵 $\boldsymbol{A}$ 决定。矩阵 $\boldsymbol{A}$ 维数为 $M\times p$，由于 $M>p$，因此矩阵的行数大于列数是一个高矩阵。同时 $\boldsymbol{A}$ 也是一个范德蒙矩阵，每一列都不相关，为列满秩。因此，矩阵 $\boldsymbol{A}$ 的秩为信源的个数 p。又由于 $\boldsymbol{A}\boldsymbol{R}_{\mathrm{S}}\boldsymbol{A}^{\mathrm{H}}$ 是一个厄尔米特矩阵，根据厄尔米特矩阵的特性，该矩阵的特征值都是实数。因此，$\boldsymbol{A}\boldsymbol{R}_{\mathrm{S}}\boldsymbol{A}^{\mathrm{H}}$ 有 p 个实正的不相等的特征值，$M-p$ 个为零的特征值。将矩阵 $\boldsymbol{A}\boldsymbol{R}_{\mathrm{S}}\boldsymbol{A}^{\mathrm{H}}$ 的特征值按照大小排列，则有：

$$\begin{cases}\lambda_1>\lambda_2>\cdots>\lambda_P>0\\ \lambda_{p+1}=\lambda_{p+2}=\cdots=\lambda_M=0\end{cases} \tag{6.25}$$

根据 $\boldsymbol{R}=\boldsymbol{A}\boldsymbol{R}_{\mathrm{S}}\boldsymbol{A}^{\mathrm{H}}+\sigma_n^2\boldsymbol{E}_M$，易知：$\lambda_i+\sigma_n^2(i=1, 2, \cdots, M)$ 是协方差矩阵 $\boldsymbol{R}$ 的特征值。因此有：

$$\lambda_1+\sigma_n^2>\lambda_2+\sigma_n^2>\cdots>\lambda_p+\sigma_n^2>\sigma_n^2=\cdots=\sigma_n^2 \tag{6.26}$$

其中，前 p 个特征值大于 σ_n^2，它们对应的特征向量 $\boldsymbol{U}_1$，$\boldsymbol{U}_2$，…，$\boldsymbol{U}_p$ 构成维数为 $M\times p$ 的信号子空间 $\boldsymbol{U}_{\mathrm{S}}$。后 $M-p$ 个特征值等于 σ_n^2，它们对应的特征向量 $\boldsymbol{U}_{p+1}$，$\boldsymbol{U}_{p+2}$，…，$\boldsymbol{U}_M$ 构成维数为 $M\times(M-p)$ 的噪声子空间 $\boldsymbol{U}_N$。

因此，协方差矩阵 $\boldsymbol{R}$ 也可以写成：

$$\boldsymbol{R}=\boldsymbol{U}_{\mathrm{S}}\boldsymbol{\Sigma}_{\mathrm{S}}\boldsymbol{U}_{\mathrm{S}}^{\mathrm{H}}+\boldsymbol{U}_N\boldsymbol{\Sigma}_N\boldsymbol{U}_N^{\mathrm{H}} \tag{6.27}$$

其中，$\boldsymbol{U}_N$ 是特征值 σ_n^2 对应的特征向量构成的空间，根据特征值的性质有：

$$\boldsymbol{R}\boldsymbol{U}_N=\sigma_n^2\boldsymbol{U}_N \tag{6.28}$$

而对式(6.24)两边同时右乘 $\boldsymbol{U}_N$ 得到：

$$\boldsymbol{R}\boldsymbol{U}_N=\boldsymbol{A}\boldsymbol{R}_{\mathrm{S}}\boldsymbol{A}^{\mathrm{H}}\boldsymbol{U}_N+\sigma_n^2\boldsymbol{U}_N \tag{6.29}$$

公式(6.24)中单位矩阵 $\boldsymbol{I}_M$ 此时可忽略。对比式(6.28)和(6.29)，可以看出：

$$\boldsymbol{A}\boldsymbol{R}_{\mathrm{S}}\boldsymbol{A}^{\mathrm{H}}\boldsymbol{U}_N=\boldsymbol{0} \tag{6.30}$$

式(6.30)两边同时左乘 $\boldsymbol{U}_N^{\mathrm{H}}$ 得到

$$\boldsymbol{U}_N^{\mathrm{H}}\boldsymbol{A}\boldsymbol{R}_{\mathrm{S}}\boldsymbol{A}^{\mathrm{H}}\boldsymbol{U}_N=(\boldsymbol{A}^{\mathrm{H}}\boldsymbol{U}_N)^{\mathrm{H}}\boldsymbol{R}_{\mathrm{S}}(\boldsymbol{A}^{\mathrm{H}}\boldsymbol{U}_N)=\boldsymbol{0} \tag{6.31}$$

由于对角矩阵 $\boldsymbol{R}_{\mathrm{S}}$ 是正定的，因此 $\boldsymbol{A}^{\mathrm{H}}\boldsymbol{U}_N=\boldsymbol{0}$、$\boldsymbol{U}_N^{\mathrm{H}}\boldsymbol{A}=(\boldsymbol{A}^{\mathrm{H}}\boldsymbol{U}_N)^{\mathrm{H}}=\boldsymbol{0}$。

响应矩阵 $\boldsymbol{A}$ 中的任意一列为

$$\boldsymbol{a}(\theta)=[1, a, a^2, \cdots, a^{M-1}]^{\mathrm{T}}, a=\exp\left\{-\mathrm{j}\frac{2\pi}{\lambda}d\sin\theta\right\} \tag{6.32}$$

由 $\boldsymbol{U}_N^{\mathrm{H}}$ 与 $\boldsymbol{A}$ 的乘积为零可以推出，$\boldsymbol{U}_N^{\mathrm{H}}$ 与 $\boldsymbol{A}$ 中的每一列乘积为零，即

$$\boldsymbol{U}_N^{\mathrm{H}}\boldsymbol{a}(\theta)=\boldsymbol{0} \tag{6.33}$$

$\boldsymbol{U}_N^{\mathrm{H}}$ 是$(M-p)\times M$维的矩阵，有 p 个与它正交的向量。而响应矩阵 $\boldsymbol{A}$ 恰是$M\times p$ 的矩阵，$\boldsymbol{A}$ 中的每一列都与 $\boldsymbol{U}_N^{\mathrm{H}}$ 正交，因此与 $\boldsymbol{U}_N^{\mathrm{H}}$ 正交的列向量全部在矩阵 $\boldsymbol{A}$ 中。

因此，我们可以通过改变角 θ 计算 $\theta\in[-90°, 90°]$的全部 $\boldsymbol{a}(\theta)$，并将 $\boldsymbol{U}_N^{\mathrm{H}}$ 分别与之相乘。若某个角度的 $\boldsymbol{a}(\theta)$恰好与 $\boldsymbol{U}_N^{\mathrm{H}}$ 正交，那么这个角即为入射方向。这就是 MUSIC 测向的基本思想。

MUSIC 算法构造空间谱函数如下：

$$P_{\mathrm{MUSIC}}(\theta)=\frac{1}{\boldsymbol{a}^{\mathrm{H}}(\theta)\boldsymbol{U}_N\boldsymbol{U}_N^{\mathrm{H}}\boldsymbol{a}(\theta)} \tag{6.34}$$

当 $\boldsymbol{U}_N^{\mathrm{H}}$ 与 $\boldsymbol{a}(\theta)$正交时，$P_{\mathrm{MUSIC}}(\theta)$无穷大，此时对应的 θ 角即为入射方向。

6.3.2 MUSIC 算法仿真实现

MUSIC 算法流程如算法 6.1 所示。

算法 6.1 MUSIC 算法流程

步骤 1：根据收集到的阵列输出的 N 次快拍，估计阵列输出协方差矩阵 $\hat{\boldsymbol{R}}=\sum_{k=1}^{N}\boldsymbol{x}(k)\boldsymbol{x}^{\mathrm{H}}(k)/N$，其中 $x(k)$ 表示天线阵列第 k 次快拍数据。

步骤 2：对阵列输出协方差矩阵 $\hat{\boldsymbol{R}}$ 进行特征值分解，$\hat{\boldsymbol{R}}=\boldsymbol{U\Sigma U}^{\mathrm{H}}=\sum_{i=1}^{M}\lambda_i\boldsymbol{u}_i\boldsymbol{u}_i^{\mathrm{H}}$，从而估计出噪声子空间 $\boldsymbol{U}_N$。

步骤 3：计算空间谱 $P_{\mathrm{MUSIC}}(\theta)=1/\boldsymbol{a}^{\mathrm{H}}(\theta)\boldsymbol{U}_N\boldsymbol{U}_N^{\mathrm{H}}\boldsymbol{a}(\theta)$，找出其 Q 个峰值，给出方向估计。

【例 6.2】 已知一 7 阵元的均匀线阵，阵元间距为半波长，信号来向分别为−20°、0°和 40°。在信噪比 SNR 均为 15 dB 的条件下，试用 MUSIC 算法估计三个信号的 DOA。

输入：

```
p = 3;                                   %入射信号数目
M = 7;                                   %阵元
fc = 1e9;                                %入射信号中频
DOA = [-20, 40, 0];                      %信号入射角度
fs = 3 * fc;                             %采样频率
N = 512;                                 %采样点个数
dt = 1/fs;                               %采样时间间隔
t = 0:dt:(N-1) * dt;                     %时间轴
c = 3e8;                                 %波速
d = c/fc/2;                              %阵元间距为半波长

s1 = sqrt(2) * cos(2 * pi * fc * t);     %信号 1
mt = sqrt(2) * cos(2 * pi * 5e8 * t);
s2 = mt. * cos(2 * pi * fc * t);         %信号 2
```

```
mt = sqrt(2) * cos(2 * pi * 1e7 * t+pi/8);
s3 = mt. * cos(2 * pi * fc * t);   %信号 3
ss = [s1;s2;s3];
s = ss(1:p, :);

%响应矩阵
for k = 1:p
    a1 = ula(M, d, DOA(k), fc);
    A(:, k) = a1;
end

y = A * s;
snr = 15;                          %信噪比
y = awgn(y, snr);                  %按信噪比 SNR 对数据 y 加对应的高斯白噪声
R = y * y'/N;                      %协方差矩阵

%噪声子空间估计
pg = p;
[v, dd] = eig(R);
if(dd(1, 1)>dd(2, 2))
    Un = v(:, pg+1:M);
else
    Un = v(:, 1:(M-pg));
end

%计算 MUSIC 谱
do = -90:90;
pu = zeros(1, length(do));
kg = 1;
for k = -90:90
    a = zeros(M, 1);
    for kk = 1:M
        a(kk, 1) = exp(-j * 2 * pi * fc * (kk-1) * d * sin(k/180 * pi)/c);
    end
    pu(1, kg) = 1/(a' * Un * Un' * a);   %谱线
    kg = kg+1;
end
plot(do, 10 * log10(abs(pu)), 'r-', 'linewidth', 2);
grid on;
title('MUSIC 测向');
xlabel('波达方向');
ylabel('MUSIC 谱');
```

```
%测向结果
for k = 1:p
    [k1, k2] = max(pu);
    DOA_guiji(k) = (k2-1)-90;
    pu(k2) = 0;
end
DOA_guiji
```

输出：

```
DOA_guiji =
    -20    0    40
```

MUSIC 谱如图 6.6 所示。

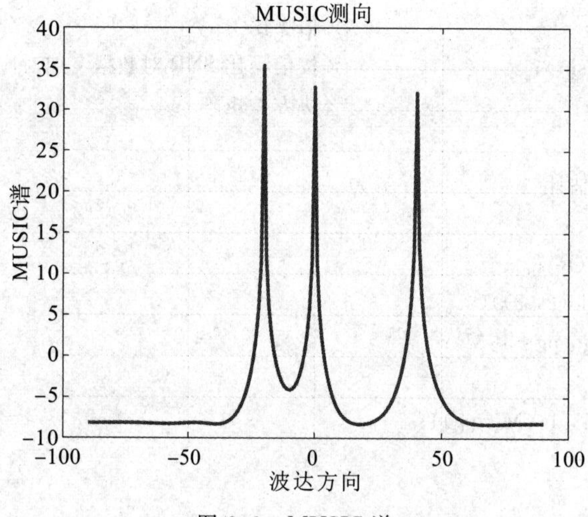

图 6.6 MUSIC 谱

【例 6.3】 已知一 7 阵元的均匀线阵，阵元间距为半波长，信号来向分别为 −20°、0° 和 40°。三个信号源发出的信号在传播途中混入的信噪比 SNR 不同，分别为 15 dB、−5 dB和 30 dB。试用 MUSIC 算法估计三个信号的 DOA。

```
%%%% 定义噪声函数
function [S, Noise] = SNR(S, n, m, N, snr)
% S为信号源
% n为信号源个数
% m为天线单元个数
% N为采样点个数
% snr为信噪比
Noise = randn(m, N)+j*randn(m, N);
Noise = powernorm(Noise);  %功率归一化
S = powernorm(S);
for is = 1:n
    S(is, :) = sqrt(10^(snr(is)/10))*S(is, :);
end
```

```
%%%% 功率定义归一化函数
function s1 = powernorm(s)
[n, k] = size(s);
s1 = zeros(n, k);
for i = 1:n
    pow = sum(abs(s(i, :)).^2)/length(s(i, :));
    s1(i, :) = s(i, :)/pow;
end
```

输入：

```
p = 3;                              %入射信号数目
M = 7;                              %阵元
fc = 1e9;                           %入射信号中频
DOA = [-20, 40, 0];                 %信号入射角度
fs = 3 * fc;                        %采样频率
N = 512;                            %采样点个数
dt = 1/fs;                          %采样时间间隔
t = 0:dt:(N-1) * dt;                %时间轴
c = 3e8;                            %波速
d = 0.15;                           %阵元间距

s1 = sqrt(2) * cos(2 * pi * fc * t);   %信号 1
mt = sqrt(2) * cos(2 * pi * 5e8 * t);
s2 = mt. * cos(2 * pi * fc * t);       %信号 2
mt = sqrt(2) * cos(2 * pi * 1e7 * t+pi/8);
s3 = mt. * cos(2 * pi * fc * t);       %信号 3
ss = [s1;s2;s3];
s = ss(1:p, :);
for k = 1:p                         %响应矩阵
    a1 = ula(M, d, DOA(k), fc);
    A(:, k) = a1;
end

snr = [15, 30, -5];
[S, Noise] = SNR(s, p, M, N, snr);     %信噪比函数
y = A * S+Noise;
R = y * y'/N;                       %协方差矩阵

pg = p;                             %噪声子空间
[v, dd] = eig(R);
if(dd(1, 1)>dd(2, 2))
    Un = v(:, pg+1:M);
else
    Un = v(:, 1:(M-pg));
end
```

```
%计算 MUSIC 谱
do = -90:90;
pu = zeros(1, length(do));
kg = 1;
for k = -90:90
    a = zeros(M, 1);
    for kk = 1:M
        a(kk, 1) = exp(-j * 2 * pi * fc * (kk-1) * d * sin(k/180 * pi)/c);
    end
    pu(1, kg) = 1/(a' * Un * Un' * a);      %谱线
    kg = kg+1;
end
plot(do, 10 * log10(abs(pu)), 'r-', 'linewidth', 2);
grid on;
title('MUSIC 测向');
xlabel('波达方向');
ylabel('MUSIC 谱');

%测向结果
for k = 1:p
    [k1, k2] = max(pu);
    DOA_guiji(k) = (k2-1)-90;
    pu(k2) = 0;
end
DOA_guiji
```

输出：

```
DOA_guiji =
    40   -20     0
```

信噪比不同时的 MUSIC 谱如图 6.7 所示。

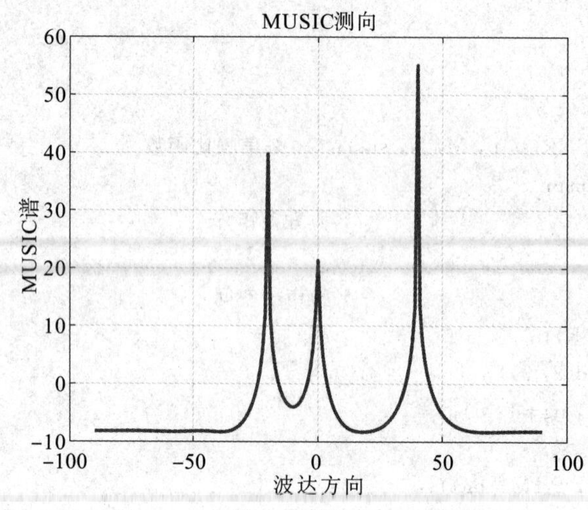

图 6.7　信噪比不同时的 MUSIC 谱

6.3.3 ESPRIT 算法原理

ESPRIT 的含义是借助旋转不变技术估计信号参数，是由 Roy 等人于 1986 年提出的，现已成为阵列信号处理的一种主要方法。由于在参数估计等方面的优越性，近年来 ESPRIT 算法得到了广泛应用，在此基础上出现了许多演化算法。

6.3.1 小节提到，在平面空间的等距线阵中，假设阵元数为 M，阵元间距为 d，共有 p 个信源，发送互不相关且均值为零的信号，则各阵元在 t 时刻接收到的数据可以写成向量的形式为

$$\boldsymbol{x}(t)=\boldsymbol{A}\boldsymbol{s}(t)+\boldsymbol{n}(t) \tag{6.35}$$

阵列输出向量的协方差矩阵为

$$\boldsymbol{R}=\boldsymbol{A}\boldsymbol{R}_{\mathrm{S}}\boldsymbol{A}^{\mathrm{H}}+\sigma_n^2\boldsymbol{I}_M \tag{6.36}$$

$\boldsymbol{R}$ 为满秩矩阵，它的特征值为

$$\lambda_1+\sigma_n^2>\lambda_2+\sigma_n^2>\cdots>\lambda_p+\sigma_n^2>\sigma_n^2=\cdots=\sigma_n^2 \tag{6.37}$$

其中，$\boldsymbol{R}$ 的前 p 个特征值大于 σ_n^2，它们对应的特征向量 $\boldsymbol{U}_1$，$\boldsymbol{U}_2$，…，$\boldsymbol{U}_p$ 构成 $M\times p$ 的信号子空间 $\boldsymbol{U}_{\mathrm{S}}$；后 $M\times p$ 个特征值等于 σ_n^2，它们对应的特征向量 $\boldsymbol{U}_{p+1}$，$\boldsymbol{U}_{p+2}$，…，$\boldsymbol{U}_M$ 构成 $M\times(M-p)$ 的噪声子空间 $\boldsymbol{U}_N$。

因此，协方差矩阵也可以写成：

$$\boldsymbol{R}=\boldsymbol{U}_{\mathrm{S}}\boldsymbol{\Sigma}_{\mathrm{S}}\boldsymbol{U}_{\mathrm{S}}^{\mathrm{H}}+\boldsymbol{U}_N\boldsymbol{\Sigma}_N\boldsymbol{U}_N^{\mathrm{H}} \tag{6.38}$$

由于矩阵的特征向量两两正交，因此 $\boldsymbol{U}_N^{\mathrm{H}}$ 和 $\boldsymbol{U}_{\mathrm{S}}$ 中的任意列向量乘积为零，即

$$\boldsymbol{U}_N^{\mathrm{H}}\boldsymbol{U}_k=0 \qquad (k=1,\ 2,\ \cdots,\ p) \tag{6.39}$$

$\boldsymbol{U}_N^{\mathrm{H}}$ 还与响应矩阵 $\boldsymbol{A}$ 中的任意列向量正交，即

$$\boldsymbol{U}_N^{\mathrm{H}}\boldsymbol{a}(\theta)=0 \qquad (\boldsymbol{a}(\theta)\in A) \tag{6.40}$$

而 $\boldsymbol{U}_{\mathrm{S}}$ 和 $\boldsymbol{A}$ 都是 $M\times p$ 的矩阵，这说明 $\boldsymbol{U}_{\mathrm{S}}$ 和 $\boldsymbol{A}$ 张成相同的子空间，即 $\boldsymbol{U}_{\mathrm{S}}$ 和 $\boldsymbol{A}$ 能够互相线性表出。因此，存在可逆矩阵 $\boldsymbol{T}$，使得 $\boldsymbol{U}_{\mathrm{S}}=\boldsymbol{A}\boldsymbol{T}$。

将 $\boldsymbol{U}_{\mathrm{S}}$ 分为上下两部分，前 $M-1$ 行定义为子矩阵 $\boldsymbol{U}_1$。同时，将矩阵 $\boldsymbol{A}$ 也分为上下两部分，前 $M-1$ 行定义为子矩阵 $\boldsymbol{A}_1$。此时有：

$$\boldsymbol{U}_{\mathrm{S}}=\begin{bmatrix}\boldsymbol{U}_1\\ \text{最后一行}\end{bmatrix}=\begin{bmatrix}\boldsymbol{A}_1\\ \text{最后一行}\end{bmatrix}\boldsymbol{T} \tag{6.41}$$

$$\boldsymbol{U}_1=\boldsymbol{A}_1\boldsymbol{T} \tag{6.42}$$

同样的，令子矩阵 $\boldsymbol{U}_2$ 为 $\boldsymbol{U}_{\mathrm{S}}$ 的后 $M-1$ 行，子矩阵 $\boldsymbol{A}_2$ 为 $\boldsymbol{A}$ 的后 $M-1$ 行，则有：

$$\boldsymbol{U}_{\mathrm{S}}=\begin{bmatrix}\text{第一行}\\ \boldsymbol{U}_2\end{bmatrix}=\begin{bmatrix}\text{第一行}\\ \boldsymbol{A}_2\end{bmatrix}\boldsymbol{T} \tag{6.43}$$

$$\boldsymbol{U}_2=\boldsymbol{A}_2\boldsymbol{T} \tag{6.44}$$

假设 $\boldsymbol{A}$ 为 3×2 的矩阵：

$$\boldsymbol{A}=\begin{bmatrix}1 & 1\\ a & b\\ a^2 & b^2\end{bmatrix}$$

则

$$\boldsymbol{A}_1=\begin{bmatrix}1 & 1\\ a & b\end{bmatrix},\ \boldsymbol{A}_2=\begin{bmatrix}a & b\\ a^2 & b^2\end{bmatrix}$$

容易看出，$\boldsymbol{A}_1$ 与 $\boldsymbol{A}_2$ 有如下关系：

$$\boldsymbol{A}_2=\boldsymbol{A}_1\begin{bmatrix}a & 0\\ 0 & b\end{bmatrix}=\boldsymbol{A}_1\boldsymbol{\varphi} \tag{6.45}$$

$\boldsymbol{A}$ 为 3×2 的矩阵时，$\boldsymbol{\varphi}$ 为 2×2 的对角矩阵。推广开来，A 为 $M\times p$ 的矩阵时，$\boldsymbol{\varphi}$ 为 $p\times p$ 的对角矩阵，且 $\boldsymbol{\varphi}$ 对角线上的元素 $e^{-j2\pi\sin\theta_i/\lambda}$ 是由每个信源的入射角度 θ_i 唯一决定的。因此，我们可以通过求对角矩阵 $\boldsymbol{\varphi}$，来求解各个信源的入射方向。

将 $\boldsymbol{A}_2=\boldsymbol{A}_1\boldsymbol{\varphi}$ 带入 $\boldsymbol{U}_2=\boldsymbol{A}_2\boldsymbol{T}$ 得到：

$$\boldsymbol{U}_2=\boldsymbol{A}_2\boldsymbol{T}=\boldsymbol{A}_1\boldsymbol{\varphi}\boldsymbol{T}=\boldsymbol{A}_1\boldsymbol{T}\boldsymbol{T}^{-1}\boldsymbol{\varphi}\boldsymbol{T}=\boldsymbol{U}_1\boldsymbol{\psi} \tag{6.46}$$

其中：$\boldsymbol{U}_1=\boldsymbol{A}_1\boldsymbol{T}$、$\boldsymbol{\psi}=\boldsymbol{T}^{-1}\boldsymbol{\varphi}\boldsymbol{T}$。矩阵 $\boldsymbol{\psi}$ 与矩阵 $\boldsymbol{\varphi}$ 合同，具有相同的特征值。

因此，求 $\boldsymbol{\varphi}$ 的问题可以转化为求如下矩阵 $\boldsymbol{\psi}$ 的特征值的问题，即

$$\boldsymbol{\psi}=\boldsymbol{U}_1^{\dagger}\boldsymbol{U}_2 \tag{6.47}$$

其中，$\boldsymbol{U}_1^{\dagger}$ 为矩阵 $\boldsymbol{U}_1$ 的左广义逆。

最后，求解矩阵 $\boldsymbol{\psi}$ 的特征值λ_i，通过公式 $\theta_i=\arcsin(-\lambda\ln\lambda_i/j2\pi)$就可以得到对信号源入射角度的估计。

6.3.4 ESPRIT 算法仿真实现

ESPRIT 算法流程如算法 6.2 所示。

算法 6.2 ESPRIT 算法流程

步骤 1：收集阵列接收的 N 次快拍数据，计算阵列接收数据协方差矩阵 $\boldsymbol{R}$。

步骤 2：计算协方差矩阵 $\boldsymbol{R}$ 的特征值分解，由特征值分解确定信号子空间 $\boldsymbol{U}_S$。

步骤 3：利用信号子空间 $\boldsymbol{U}_S$ 获得 $\boldsymbol{U}_1$ 和 $\boldsymbol{U}_2$。

步骤 4：估计旋转矩阵 $\boldsymbol{\psi}=\boldsymbol{U}_1^{\dagger}\boldsymbol{U}_2$。

步骤 5：计算旋转矩阵 $\boldsymbol{\psi}$ 的特征值分解，得到其特征值 $\lambda_i=e^{-j2\pi\sin\theta_i/\lambda}$。

步骤 6：利用 $\boldsymbol{\psi}$ 的特征值估计 DOA。

【例 6.4】 已知一 7 阵元的均匀线阵，阵元间距为半波长，信号来向分别为－20°、0°和 40°。三个信号源发出的信号在传播途中混入的信噪比 SNR 不同，分别为 15 dB、－5 dB和 30 dB。试用 ESPRIT 算法估计三个信号的 DOA。

输入：

```
p = 3;                                  %入射信号数目
M = 7;                                  %阵元
fc = 1e9;                               %入射信号中频
DOA = [-20, 40, 0];                     %信号入射角度
fs = 3 * fc;                            %采样频率
N = 512;                                %采样点个数
dt = 1/fs;                              %采样时间间隔
t = 0:dt:(N-1) * dt;                    %时间轴
```

```
c = 3e8;                              %波速
d = 0.15;                             %阵元间距

s1 = sqrt(2) * cos(2 * pi * fc * t);  %信号 1
mt = sqrt(2) * cos(2 * pi * 5e8 * t);
s2 = mt. * cos(2 * pi * fc * t);      %信号 2
mt = sqrt(2) * cos(2 * pi * 1e7 * t+pi/8);
s3 = mt. * cos(2 * pi * fc * t);      %信号 3
ss = [s1;s2;s3];
s = ss(1:p, :);

%响应矩阵
for k = 1:p
    a1 = ula(M, d, DOA(k), fc);
    A(:, k) = a1;
end

snr = [15, 30, -5];
[S, Noise] = SNR(s, p, M, N, snr);
y = A * S+Noise;
R = y * y'/N;                         %协方差矩阵

%信号子空间估计
pg = p;
[v, dd] = eig(R);
if(dd(1, 1)>dd(2, 2))
      Us = v(:, 1:pg);
else
      Us = v(:, (M-pg+1):M);
end

%子矩阵 U1, U2
U1 = Us(1:M-1, :);
U2 = Us(2:M, :);
phi = pinv(U1) * U2;                  %U1 左广义逆
gg = eig(phi);                        %特征值分解
theta = -c * log(gg)/j/2/pi/fc/d;
theta = real(asin(theta) * 180/pi)
```

输出：

```
theta =
        0.0133
      -20.0244
       39.9943
```

由例 6.4 的输出结果可以看出 ESPRIT 算法得到的是估计值。

6.4 信源分离算法与仿真

在现实生活和自然界中存在大量的信息需要人们去获取和认识，这些信息可能是预先已知的，也可能是事先未知的，人们通过对这些信息进行分析来获得认识和改造自然的能力。当信号的全部或部分信息已知时，我们可以根据这些已知信息通过一些合适的变换或滤波来尽可能地提取信号。因此许多信号处理的算法和准则都是根据一定的假设条件或应用背景推导的。盲信号处理(Blind Signal Processing，BSP)则是一种新的在几乎没有任何可利用信息的情况下，根据某些假设条件仅从观测信号中提取或恢复出源信号的信号处理方法。目前的盲信源分离方法主要都是基于神经网络的独立分量分析(Independent Component Analysis，ICA)方法。ICA 是 20 世纪 90 年代发展起来的一种新的信号处理技术，最早是由 Comon 提出的，它是从多维统计数据中找出隐含因子或分量的方法。本节主要介绍信号盲源分离算法中常用的数据预处理方法——快速定点算法(Fixed-Point ICA，FastICA)。

6.4.1 盲信号

盲源分离(Blind Source Separation，BBS)是指从若干观测混合信号中恢复出未知源信号的方法。典型的观测混合信号是一系列传感器的输出，而每一个传感器输出的是一系列源信号经过不同程度混合之后的信号。其中，“盲”表示源信号未知，同时混合方式也未知。

最简单的混合模型假定各个分量是线性叠加混合在一起而形成观测信号的，由此可以建立盲源分离的数学模型。

由 N 个未知的源信号 $s_i(t)(i=1, \cdots, N)$ 构成列向量 $\boldsymbol{S}(t)=[s_1(t), \cdots, s_N(t)]^{\mathrm{T}}$，其中 t 表示离散时刻。$\boldsymbol{A}$ 是一个 $M\times N(M\geqslant N)$ 维矩阵，称为混合矩阵(Mixing Matrix)。$\boldsymbol{X}(t)=[x_1(t), \cdots, x_M(t)]^{\mathrm{T}}$ 是由 M 个可观察信号 $x_i(t)$ $(i=1, \cdots, M)$构成的列向量，且满足下列方程：

$$\boldsymbol{X}(t)=\boldsymbol{AS}(t) \tag{6.48}$$

这构成一个无噪声的盲源分离问题，即对任意 t，根据已知的 $\boldsymbol{X}(t)$在 $\boldsymbol{A}$ 未知的条件下求未知的 $\boldsymbol{S}(t)$。

6.4.2 FastICA 快速定点算法原理

FastICA 算法又称固定点(Fixed-Point)算法，它是由芬兰赫尔辛基大学 Hyvärinen 等人提出，是一种快速寻优迭代算法。与普通的神经网络算法不同，FastICA 算法采用了批处理的方式，即在每一步迭代中有大量的样本数据参与运算。FastICA 算法有基于峭度、基于似然最大、基于负熵最大等形式，这里我们利用基于峰度最大的 FastICA 算法来分离信号。它以峰度最大作为一个搜寻方向，可以实现顺序地提取独立源，充分体现了投影追踪(Projection Pursuit)这种传统线性变换的思想。此外，该算法采用了定点迭代的优化算法，使得收敛更加快速、稳健。

为了从观测信号 $\boldsymbol{X}$ 中分离源信号，定义加权向量 $\boldsymbol{b}=[b_1, b_2, \cdots, b_M]^{\mathrm{T}}$ 使得向量 $\boldsymbol{y}$ 成

为源信号 $\boldsymbol{S}$ 的估计：

$$\boldsymbol{y}=\boldsymbol{b}^{\mathrm{T}}\boldsymbol{X}=\boldsymbol{b}^{\mathrm{T}}\boldsymbol{A}\boldsymbol{S}=\boldsymbol{q}^{\mathrm{T}}\boldsymbol{S}=\sum_{i=1}^{N}q_i s_i \tag{6.49}$$

其中：$\boldsymbol{q}=[q_1, q_2, \cdots, q_N]^{\mathrm{T}}$、$\boldsymbol{q}=\boldsymbol{A}^{\mathrm{T}}\boldsymbol{b}$。

FastICA 算法采用逐个分离的方法从观测信号中分离出全部源信号，因此可以从假设向量 $\boldsymbol{y}=\boldsymbol{q}^{\mathrm{T}}\boldsymbol{S}$ 为源信号的一个独立分量入手。

若向量 $\boldsymbol{y}=\boldsymbol{q}^{\mathrm{T}}\boldsymbol{S}$ 为源信号的一个分量，那么相应的向量 $\boldsymbol{q}$ 的所有元素中只存在一个非零元素。因此，可以通过调整向量 $\boldsymbol{q}$ 中每个元素的值，使得 $\boldsymbol{y}=\boldsymbol{q}^{\mathrm{T}}\boldsymbol{S}$ 是源信号中的一个分量。但是在实际应用中，由于 $\boldsymbol{q}$ 与混合矩阵 $\boldsymbol{A}$ 有关，而 $\boldsymbol{A}$ 未知，因此 $\boldsymbol{q}$ 并不能直接获得。考虑 $\boldsymbol{y}=\boldsymbol{b}^{\mathrm{T}}\boldsymbol{X}$ 的形式，其中观测信号 $\boldsymbol{X}$ 已知，通过调整向量 $\boldsymbol{b}$，也可以使得 $\boldsymbol{y}$ 成为源信号的一个分量。

由中心极限定理可知：若随机量由许多相互独立的随机量之和组成，只要各个独立的随机量具有有限的均值和方差，则不论各独立随机量为何种分布，这些随机量必接近高斯分布。因此，可以在分离过程中，通过度量分离结果的非高斯性来判定分离结果中各信号间的相互独立性。当非高斯性达到最大时，就表明已完成对源信号的分离。由此可知，需要调整向量 $\boldsymbol{b}$ 使得 $\boldsymbol{b}^{\mathrm{T}}\boldsymbol{X}$ 的非高斯性最大，使得 $\boldsymbol{y}$ 成为源信号的一个分量，此时向量 $\boldsymbol{q}$ 中就会只存在一个非零元素。FastICA 算法有基于峭度、基于似然最大、基于负熵最大等形式，本小节利用基于峰度最大的形式来得到向量 $\boldsymbol{y}$ 的非高斯性。

向量 $\boldsymbol{y}$ 的峰度定义为

$$\mathrm{kurt}(\boldsymbol{y})=\mathrm{E}\{\boldsymbol{y}^4\}-3\mathrm{E}^2\{\boldsymbol{y}^2\} \tag{6.50}$$

假定 $\boldsymbol{y}$ 是均值为 0、方差为 1 的非高斯信号，则有：

$$\mathrm{kurt}(\boldsymbol{y})=\mathrm{E}\{\boldsymbol{y}^4\}-3 \tag{6.51}$$

在独立分量分析和相关领域内，峰度或峰度的绝对值被广泛地应用于测量非高斯性，其主要原因是无论从计算上还是从理论分析上峰度都比较简单。在计算上，如果变量保持连续，则峰度可以用四阶累计量来计算；在理论上，如果 x_1 和 x_2 是两个独立的随机变量，则峰度具有如下性质：

$$\mathrm{kurt}(\alpha x_1+\beta x_2)=\alpha^4\mathrm{kurt}(x_1)+\beta^4\mathrm{kurt}(x_2) \tag{6.52}$$

为了简单起见，我们现在考虑源信号和观测信号的个数都是两个，$\boldsymbol{S}=[s_1, s_2]^{\mathrm{T}}$、$\boldsymbol{q}=[q_1, q_2]^{\mathrm{T}}$，则有：

$$\boldsymbol{y}=\boldsymbol{b}^{\mathrm{T}}\boldsymbol{X}=\boldsymbol{b}^{\mathrm{T}}\boldsymbol{A}\boldsymbol{S}=\boldsymbol{q}^{\mathrm{T}}\boldsymbol{S}=q_1 s_1+q_2 s_2 \tag{6.53}$$

基于式(6.52)的性质可以得到：

$$\mathrm{kurt}(\boldsymbol{y})=\mathrm{kurt}(q_1 s_1+q_2 s_2)=q_1{}^4\mathrm{kurt}(s_1)+q_2{}^4\mathrm{kurt}(s_2) \tag{6.54}$$

另一方面，假定 $\boldsymbol{S}$ 和 $\boldsymbol{y}$ 都具有单位方差，可以得到：

$$\mathrm{kurt}(\boldsymbol{y}^2)=q_1^2+q_2^2=1 \tag{6.55}$$

式(6.55)意味着 $\boldsymbol{q}$ 位于单位圆上。所以当 $\boldsymbol{q}$ 位于坐标轴上时，$\boldsymbol{q}$ 的取值为[1, 0]或[0, 1]，对应的 $\boldsymbol{y}$ 值为 s_1 或 s_2，即需要分离的两个源信号。

根据同样的原理，分离三个源信号时，需要在一个三维空间内寻找向量 $\boldsymbol{q}$。以此类推，分离 n 个源信号时，需要在 n 维的空间内确定向量 $\boldsymbol{q}$。

对于预白化处理过的信号 $\boldsymbol{Z}$，寻找一个线性的组合 $\boldsymbol{W}^{\mathrm{T}}\boldsymbol{Z}$ 来最大化非高斯性，则有：

$$\|\boldsymbol{q}\|^2=(\boldsymbol{W}^T\boldsymbol{VA})(\boldsymbol{A}^T\boldsymbol{V}^T\boldsymbol{W})=\|\boldsymbol{W}\|^2 \tag{6.56}$$

其中 $\boldsymbol{q}=(\boldsymbol{VA})^T\boldsymbol{W}$，$\boldsymbol{V}$ 表示白化矩阵。式(6.56)意味着 $\boldsymbol{q}$ 限定在单位圆内等价于 $\boldsymbol{W}$ 限定在单位圆内，因此峰度最大化可以通过最大化 $\boldsymbol{W}^T\boldsymbol{Z}$ 峰度的绝对值得到，约束条件为 $\|\boldsymbol{W}\|=1$。

利用 $\boldsymbol{W}^T\boldsymbol{Z}$ 峰度的绝对值梯度可以有以下计算：

$$\frac{\partial|\mathrm{kurt}(\boldsymbol{W}^T\boldsymbol{Z})|}{\partial\boldsymbol{W}}=4\mathrm{sign}(\mathrm{kurt}(\boldsymbol{W}^T\boldsymbol{Z}))[\mathrm{E}\{\boldsymbol{Z}(\boldsymbol{W}^T\boldsymbol{Z})^3\}-3\boldsymbol{W}E\{(\boldsymbol{W}^T\boldsymbol{Z})^2\}] \tag{6.57}$$

对于白化数据有 $\mathrm{E}\{(\boldsymbol{W}^T\boldsymbol{Z})^2\}=\|\boldsymbol{W}\|^2$，所以有：

$$\frac{\partial|\mathrm{kurt}(\boldsymbol{W}^T\boldsymbol{Z})|}{\partial\boldsymbol{W}}=4\mathrm{sign}(\mathrm{kurt}(\boldsymbol{W}^T\boldsymbol{Z}))[\mathrm{E}\{\boldsymbol{Z}(\boldsymbol{W}^T\boldsymbol{Z})^3\}-3\boldsymbol{W}\|\boldsymbol{W}\|^2] \tag{6.58}$$

因此，$\boldsymbol{W}\propto[\mathrm{E}\{\boldsymbol{Z}(\boldsymbol{W}^T\boldsymbol{Z})^3\}-3\boldsymbol{W}\|\boldsymbol{W}\|^2]$，其中，符号∝表示等价。

综上所述，可以得到以下的定点算法：

$$\boldsymbol{W}=[E\{\boldsymbol{Z}(\boldsymbol{W}^T\boldsymbol{Z})^3\}-3\boldsymbol{W}]$$
$$\boldsymbol{W}=\frac{\boldsymbol{W}}{\|\boldsymbol{W}\|} \tag{6.59}$$

一直重复式(6.59)直到收敛为止，就可以分离出所有源信号中的一个。

当分离多个信号的时候，为了避免重复的分离同一个信号，需要对本次求得的 $\boldsymbol{W}$ 和以前得到的 $\boldsymbol{W}_j$ 进行正交化处理。假设要分离第 $p+1$ 个信号，前面的 $\boldsymbol{W}_j(j=1, 2, \cdots, p)$ 已经得到，则需要对已求得的 $\boldsymbol{W}$ 做以下正交化处理，然后再归一化，直到收敛为止。

$$\boldsymbol{W}_{p+1}=\boldsymbol{W}_{p+1}-\sum_{j=1}^{n}\boldsymbol{W}_{p+1}{}^T\boldsymbol{W}_j\boldsymbol{W}_j \tag{6.60}$$

正交化处理可以避免分离多个信号时重复分离同一个源信号。

6.4.3 FastICA 快速定点算法仿真实现

总结前一小节所述算法原理，得到基于峰度最大的 FastICA 快速定点算法对信号进行盲源分离的具体步骤如算法 6.3 所示。

算法 6.3 FastICA 算法步骤

步骤 1：对观测数据 $\boldsymbol{X}$ 进行中心化，使 $\boldsymbol{E}(x_i)=0$。
步骤 2：对数据进行白化处理，使 $\boldsymbol{E}(\boldsymbol{Z}^T\boldsymbol{Z})=0$。
步骤 3：令 $p=1$，即设置当前分离的源信号数为 1。
步骤 4：初始化分离向量 $\boldsymbol{W}_p$：$\boldsymbol{W}_p=\boldsymbol{W}_p/\|\boldsymbol{W}_p\|$。
步骤 5：对分离向量进行正交化处理：$\boldsymbol{W}_p=[\boldsymbol{E}\{\boldsymbol{Z}(\boldsymbol{W}_p{}^T\boldsymbol{Z})^3\}-3\boldsymbol{W}_p]$。
步骤 6：令 $\boldsymbol{W}_p=\boldsymbol{W}_p/\|\boldsymbol{W}_p\|$。
步骤 7：判断分离向量 $\boldsymbol{W}_p$ 是否收敛。若不收敛，则返回步骤 4，直至满足收敛条件。
步骤 8：判断所有源信号是否都已分离，即判断 p 是否小于源信号数目 m。若没有，则返回步骤 4，直到所有源信号被分离。
步骤 9：通过 $\boldsymbol{Y}=\boldsymbol{W}^T\boldsymbol{Z}$ 得到源信号的拷贝，即分离结果。

FastICA 快速定点算法是一种批处理的分离算法，在每次迭代过程中都需要用到所有的数据。该算法具有收敛快的特性，并且定点算法还可以对单个信号进行分离。在实际的应用中不一定对所有的信号都感兴趣，利用这一特点可以只提取感兴趣的信号。该算法由于是对信号一个一个地进行提取，因此对于亚高斯和超高斯的混合信号也可以进行有效地分离。值得注意的是，FastICA 快速定点算法需要对接收信号进行预白化处理，即通过对接收信号的线性变换，使得变换后的信号彼此不相关。

【例 6.5】 试用 FastICA 快速定点算法分离亚高斯信号。(提示：亚高斯信号为峭度 hurt(y)$=E\{y^4\}-3E^2\{y^2\}$小于零的信号)

输入：

```
clear all;
clc;
k=1e4;  %数据点
fs=1e4;  %采样频率

%% 产生设定源信号(亚高斯信号)
M=4;                    %源信号数量
for t=1:k
    S(1, t)=sin(2*pi*9*t/fs)*sin(2*pi*1000*t/fs);  %幅值调制信号
    S(2, t)=square(2*pi*t/8);       %阶跃信号
    S(3, t)=sin(2*pi*t/32);         %正弦信号
    S(4, t)=randn(1, 1);            %服从均匀分布的随机信号
end

%% 计算源信号的峰度
for i=1:M
    kurt(i)=kurtosis(S(i, :))-3;
end
disp('kurt');disp(kurt);

figure(1)                           %源信号图
for i=1:M
    subplot(M, 1, i);
    plot(S(i, :));
end

%% 生成观测信号
A=randn(M, M);                      %混合矩阵
X=A*S;                              %观测信号
figure(2)                           %观察信号图
for i=1:M
    subplot(M, 1, i);
    plot(X(i, :));
end

%% 信号中心化预处理
```

```
for i=1:M                                    %观测信号零均值处理
    ave=mean(X(M, :));
    X(M, :)=X(M, :)-ave;
end

%%观测信号白化预处理
[y x]=eig(cov(X', 1));

for i=1:M                                    %从大到小排列特征值，对应排列特征向量
    for j=(i+1):M
        temp=x(i, i);
        temp_2=y(:, i);
        if temp<x(j, j)
            x(i, i)=x(j, j);
            x(j, j)=temp;
            y(:, i)=y(:, j);
            y(:, j)=temp_2;
        end
    end
end
d=x;
disp('d=');
disp(d);                                     %把排序后的特征值赋予 d
v=y;
disp('v=');
disp(v);                                     %把排序后的特征向量赋予 4×4 矩阵 v 阵。
disp('d.^(1/2)=');
disp(d.^(1/2));                              %取特征值的平方根。

Z=inv(d.^(1/2))*v'*X;                        %PCA 白化算法公式

%% 迭代分离
epsilon=0.0001;
W=randn(M, M);
for p=1:M
    W(:, p)=W(:, p)/norm(W(:, p));     %列向量单位化
    exit=0;
    count=0;
    iter=1;
    while exit==0;                           %迭代逼近过程求 W
        count=count+1;
        Wp=W(:, p)                           %记录上次迭代的值
        W(:, p)=1/k*Z*((Wp'*Z).^3)'-3*Wp;
```

```
            Wtp=zeros(M, 1);
            for counter=1:p-1
              Wtp=Wtp+(W(:, p)' * W(:, counter)) * W(:, counter);   %正交化
            end
            W(:, p)=W(:, p)-Wtp;
            W(:, p)=W(:, p)/norm(W(:, p));
if(abs((dot(W(:, p), Wp)))<1+epsilon)&(abs((dot(W(:, p), Wp)))>1-epsilon)
              %判断是否收敛
              exit=1;
end
          iter=iter+1;
    end
end

Y=W' * Z;                           %输出函数，即所求源信号
figure(3)                           %分离信号图
for i=1:M
    subplot(M, 1, i);
    plot(Y(i, :));
end
```

FastICA 算法对亚高斯混合信号的分离结果如图 6.8 所示。

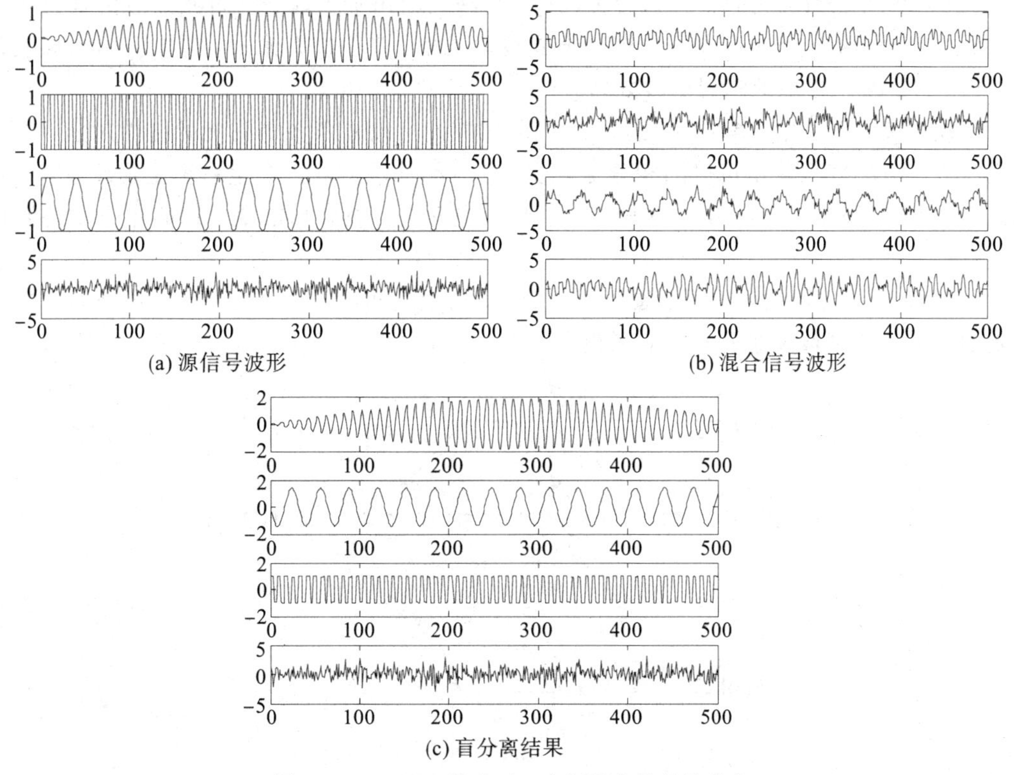

(a) 源信号波形　(b) 混合信号波形

(c) 盲分离结果

图 6.8　FastICA 算法对亚高斯混合信号的分离

6.5 波束成形算法与仿真

近年来，阵列信号处理在无线通信系统中得到了广泛应用。在蜂窝移动通信中，对通信信道的需求急剧增长，使得频分复用技术显得日益重要。波束成形就是频分复用的一个重要部分。

自适应波束成形亦称空域滤波，是阵列处理的一个主要方面，逐步成为阵列信号处理的标志之一。波束成形的实质是通过对各阵元加权实现空域滤波，来达到增强期望信号、抑制干扰的目的。更进一步地，自适应波束成形可以根据信号环境的变化自适应地改变各阵元的加权因子。阵列天线的方向图为全方向，可以接收多个方向入射的平面波。当阵列的输出经过加权求和后，阵列接收的方向增益可以被调整到一个方向，相当于形成了一个聚集的“波束”，从该方向入射的期望信号能够达到最大功率输出，这就是波束成形的物理意义。

波束成形技术的基本思想是：通过将各阵元的输出进行加权求和，使天线阵列波束“导向”到一个方向上，进而对期望信号得到最大功率输出的导向位置给出波达方向估计。

6.5.1 波束成形原理

对于空间中一个已知的平面天线阵列，若要使阵列的输出最大，则只有垂直于阵列平面方向的入射波才能在阵列输出端直接相干叠加，得到方向图中主瓣的极大值。换而言之，如果阵列可以围绕它的中心轴旋转，那么当阵列输出最大时，空间波必然由垂直于阵列平面的方向入射。但是有些天线阵列不能转动，为了获得最大输出，需要应用常规波束成形法，这是最早出现的阵列信号处理方法。

常规波束成形法中，需要选取一个适当的加权向量以补偿各个阵元的传播时延，使某一期望方向上的阵列输出可以同相叠加，进而使阵列在该方向上产生一个主瓣波束，而在其他方向上产生较小的响应，用这种方法对整个空间进行波束扫描就可以确定空中待测信号的方位。

以平面 $\boldsymbol{M}$ 元等距线阵为例，如图 6.9 所示，假设空间信号为窄带信号，每个通道用一个复加权系数来调整该通道的幅度和相位。

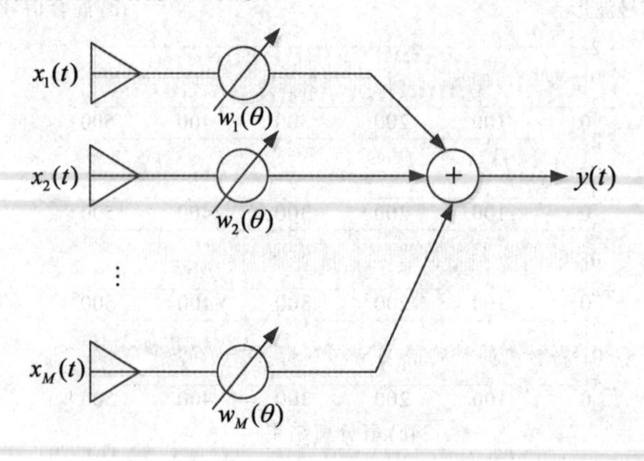

图 6.9 波束成形算法结构

这时阵列的输出可以表示为

$$y(t) = \sum_{i=1}^{M} w_i^*(\theta) x_i(t) \tag{6.61}$$

如果用向量表示各阵元输出及加权系数，则有：

$$\boldsymbol{x}(t) = [x_1(t),\ x_2(t),\ \cdots,\ x_M(t)]^{\mathrm{T}} \tag{6.62}$$

$$\boldsymbol{w}(\theta) = [w_1(\theta),\ w_2(\theta),\ \cdots,\ w_M(\theta)]^{\mathrm{T}} \tag{6.63}$$

于是，阵列的输出也可以表示为

$$y(t) = \boldsymbol{w}^{\mathrm{H}}(\theta)\boldsymbol{x}(t) \tag{6.64}$$

为了在某一方向 θ 上补偿各阵元之间的时延以形成一个主瓣，常规波束成形器在期望方向上的加权向量为

$$\boldsymbol{w}(\theta) = [1,\ \mathrm{e}^{-\mathrm{j}2\pi f_c \frac{d}{c}\sin\theta_i},\ \mathrm{e}^{-\mathrm{j}2\pi f_c 2\frac{d}{c}\sin\theta_i},\ \cdots,\ \mathrm{e}^{-\mathrm{j}2\pi(M-1)f_c\frac{d}{c}\sin\theta_i}]^{\mathrm{T}} \tag{6.65}$$

观察此加权向量，发现方向向量 $\boldsymbol{a}(\theta)$ 的表示形式与之相同，则有：

$$y(t) = \boldsymbol{w}^{\mathrm{H}}(\theta)\boldsymbol{x}(t) = \boldsymbol{a}^{\mathrm{H}}(\theta)\boldsymbol{x}(t) \tag{6.66}$$

此时，常规波束成形器的输出功率可以表示为

$$P_{\mathrm{CBF}}(\theta) = \mathrm{E}[y^2(t)] = \boldsymbol{w}^{\mathrm{H}}(\theta)\boldsymbol{R}\boldsymbol{w}(\theta) = \boldsymbol{a}^{\mathrm{H}}(\theta)\boldsymbol{R}\boldsymbol{a}(\theta) \tag{6.67}$$

上式就是理想条件下的常规波束成形法的输出功率谱。其中，矩阵 $\boldsymbol{R}$ 为阵列输出 $\boldsymbol{x}(t)$ 的协方差矩阵，即 $\boldsymbol{R} = \mathrm{E}[\boldsymbol{x}(t)\boldsymbol{x}^{\mathrm{H}}(t)]$。

下面来分析常规波束成形法的角分辨率问题。

一般来说，当空间中有两个同频信号投射到阵列时，如果它们的空间方向角的间隔小于阵列主瓣波束宽度，则不仅无法分辨它们而且还会严重影响系统的正常工作。换而言之，对于阵列远场中的两个点信号源，仅当它们之间的角度分离大于阵元间隔(或称阵列孔径)的倒数时，它们才可以被分辨开，这就是瑞利准则。

瑞利准则说明常规波束成形法的固有缺点是角分辨率低。如果要设法提高角分辨率，就要增加阵元间隔或增加阵元个数，有时在系统施工上难以实现。

6.5.2　MVDR 算法原理

6.5.1 小节通过调整加权系数可以完成对天线波束的“导向”作用，即对各阵元接收的信号向量 $\boldsymbol{x}(t)$ 在各阵元上分量的加权求和。令权向量为 $\boldsymbol{w} = [w_1,\ \cdots,\ w_M]^{\mathrm{T}}$，则输出可以表示为

$$y(t) = \boldsymbol{w}^{\mathrm{H}}\boldsymbol{x}(t) = \sum_{i=1}^{M} w_i^* \boldsymbol{x}_i(t) \tag{6.68}$$

权向量不同，上式对来自不同方向的平面波便有不同的响应，从而形成不同方向的空间波束。一般用移相器作加权处理，即只调整信号相位，不改变信号幅值。不难看出，若空间中只有一个来自方向 θ_k 的平面波，其方向向量为 $\boldsymbol{a}(\theta_k)$，则当权向量 $\boldsymbol{w}$ 取作 $\boldsymbol{a}(\theta_k)$ 时，输出 $y(t) = \boldsymbol{a}^{\mathrm{H}}(\theta_k)\boldsymbol{a}(\theta_k) = M$ 最大，可以实现定位作用。这时，各路加权信号为相干叠加，称为空域匹配滤波。

匹配滤波在白噪声背景下是最佳的波束成形方法，但若空间中存在干扰信号就要另作考虑。下面将讨论更复杂情况下的波束成形。

对于平面中 M 元等距线阵，令空间远场有一个波达方向为 θ_d 的期望信号 $d(t)$ 和 J 个波

达方向分别为 θ_{ij} 的干扰信号 $i_j(t)(j=1, 2, \cdots, J)$，令每个阵元上的加性白噪声为$n_m(t)$，它们都具有相同的方差 σ^2。在这些假设条件下，第 m 个阵元上的接收信号可以表示为

$$x_m(t) = a_m(\theta_d)d(t) + \sum_{j=1}^{M} a_m(\theta_{ij})i_j(t) + n_m(t) \tag{6.69}$$

用矩阵形式表示各阵元上的接收信号，得到下式：

$$\boldsymbol{x}(t) = \boldsymbol{As}(t) + \boldsymbol{n}(t) = \boldsymbol{a}(\theta_d)d(t) + \sum_{j=1}^{J} \boldsymbol{a}(\theta_{ij})i_j(t) + \boldsymbol{n}(t) \tag{6.70}$$

其中，$\boldsymbol{A}$ 为响应矩阵，$\boldsymbol{s}(t)$为 $J+1$ 个信号组成的向量，$\boldsymbol{n}(t)$为噪声向量，$\boldsymbol{a}(\theta_d)$为期望信号的方向向量，$\boldsymbol{a}(\theta_{ij})$为各干扰信号对应的方向向量。

权向量为 $\boldsymbol{w}=[w_1, w_2, \cdots, w_M]^{\mathrm{T}}$，则波束成形输出表示为

$$y(t)=\boldsymbol{w}^{\mathrm{H}}\boldsymbol{x}(t) \tag{6.71}$$

$y(t)$的平均功率为

$$P(\boldsymbol{w})=\mathrm{E}[|\boldsymbol{y}(t)|^2]=\boldsymbol{w}^{\mathrm{H}}\mathrm{E}[\boldsymbol{x}(t)\boldsymbol{x}^{H}(t)]\boldsymbol{w}=\boldsymbol{w}^{\mathrm{H}}\boldsymbol{Rw} \tag{6.72}$$

其中，$\boldsymbol{R}=\mathrm{E}[\boldsymbol{x}(t)\boldsymbol{x}^{\mathrm{H}}(t)]$即为 $\boldsymbol{x}(t)$的协方差矩阵。将上式展开得到：

$$\begin{aligned} P(\boldsymbol{w}) &= \boldsymbol{w}^{\mathrm{H}}\mathrm{E}[|\boldsymbol{a}(\theta_d)d(t)|^2]\boldsymbol{w} + \boldsymbol{w}^{\mathrm{H}}\mathrm{E}\left[\left|\sum_{j=1}^{J}\boldsymbol{a}(\theta_{i,j})i_j(t)\right|^2\right]\boldsymbol{w} + \boldsymbol{w}^{\mathrm{H}}\mathrm{E}[|\boldsymbol{n}(t)|^2]\boldsymbol{w} \\ &= \mathrm{E}[|d(t)|^2]|\boldsymbol{w}^{\mathrm{H}}\boldsymbol{a}(\theta_d)|^2 + \sum_{j=1}^{J}\mathrm{E}[|i_j(t)|^2]|\boldsymbol{w}^{\mathrm{H}}\boldsymbol{a}(\theta_{i,j})|^2 + \sigma^2\|\boldsymbol{w}\|^2 \end{aligned} \tag{6.73}$$

这里忽略了不同用户之间的相互作用项，即交叉项 $i_j(t)i_k^*(t)$。

观察上式，为了保证来自方向 θ_d 的期望信号正确接收，同时完全抑制其他 J 个干扰，需要满足以下约束条件：

$$\begin{cases} \boldsymbol{w}^{\mathrm{H}}\boldsymbol{a}(\theta_d)=1 \\ \boldsymbol{w}^{\mathrm{H}}\boldsymbol{a}(\theta_{i,j})=0 \end{cases} \tag{6.74}$$

上式强迫阵列接收波束方向图的“零点”指向所有 J 个干扰信号，因此习惯被称为“置零条件”。在它们的约束下，式(6.73)可以简化为

$$P(\boldsymbol{w})=\mathrm{E}[|d(t)|^2]+\sigma^2\|\boldsymbol{w}\|^2 \tag{6.75}$$

从提高信干噪比的角度来看，置零条件约束下的权向量可以使干扰输出为零，但同时可能使噪声的输出加大。因此，抑制干扰和噪声应一同考虑，使信干噪比最大化。输出功率$E[|y(t)|^2]$包括期望信号、干扰和噪声的功率。同时，期望信号的功率是固定值，故最大化信干噪比可以等效为最小化干扰加噪声的功率，也就是最小化输出的功率，即有：

$$\min_{\boldsymbol{w}}\{\boldsymbol{w}^{\mathrm{H}}\boldsymbol{R}_{i+n}\boldsymbol{w}\}\Leftrightarrow\min_{\boldsymbol{w}}\{\boldsymbol{w}^{\mathrm{H}}\boldsymbol{Rw}\} \tag{6.76}$$

其中，$\boldsymbol{R}_{i+n}$为干扰加噪声的协方差矩阵，$\boldsymbol{R}$ 为阵列信号 $\boldsymbol{x}(t)$的协方差矩阵。

在这里，使用 Lagrange 乘子法求在 $\boldsymbol{w}^{\mathrm{H}}\boldsymbol{a}(\theta_d)=1$ 约束下 $\boldsymbol{w}^{\mathrm{H}}\boldsymbol{Rw}$ 的最小值，令目标函数为

$$L(\boldsymbol{w})=\boldsymbol{w}^{\mathrm{H}}\boldsymbol{Rw}+\lambda[\boldsymbol{w}^{\mathrm{H}}\boldsymbol{a}(\theta_d)-1] \tag{6.77}$$

由于函数对向量的偏导数定义有$\partial(\boldsymbol{w}^{\mathrm{H}}\boldsymbol{Aw})/\partial\boldsymbol{w}=2\boldsymbol{Aw}$，$\partial(\boldsymbol{w}^{\mathrm{H}}\boldsymbol{c})/\partial\boldsymbol{w}=2\boldsymbol{c}$，因此 $L(\boldsymbol{w})$对 $\boldsymbol{w}$ 求偏导得到：

$$\frac{\partial L(\boldsymbol{w})}{\partial \boldsymbol{w}}=2\boldsymbol{R}\boldsymbol{w}+\lambda \boldsymbol{a}(\theta_d) \tag{6.78}$$

当$\partial L(\boldsymbol{w})/\partial \boldsymbol{w}=0$ 时，$\boldsymbol{w}^{\mathrm{H}}\boldsymbol{R}\boldsymbol{w}$ 取得 $\boldsymbol{w}^{\mathrm{H}}\boldsymbol{a}(\theta_d)=1$ 约束下的最小值。此时得到权向量 $\boldsymbol{w}$ 即为对方向为 θ_d 的期望信号进行波束成形时的最佳权向量，即

$$\boldsymbol{w}_{\mathrm{opt}}=\mu \boldsymbol{R}^{-1}\boldsymbol{a}(\theta_d) \tag{6.79}$$

其中，μ 为比例系数。上式可以得到 $J+1$ 个发射信号的波束成形最佳权向量，经过加权求和，波束成形器将只接收来自方向 θ_d 的信号，并抑制所有来自其他波达方向的信号。

下面求解比例系数 μ。约束条件 $\boldsymbol{w}^{\mathrm{H}}\boldsymbol{a}(\theta_d)=1$ 也可以写作 $\boldsymbol{a}^{\mathrm{H}}(\theta_d)\boldsymbol{w}=1$ 的形式。此时，将 $\boldsymbol{w}_{\mathrm{opt}}=\mu \boldsymbol{R}^{-1}\boldsymbol{a}(\theta_d)$两边同时左乘 $\boldsymbol{a}^{\mathrm{H}}(\theta_d)$得到：

$$\boldsymbol{a}^{\mathrm{H}}(\theta_d)\boldsymbol{w}_{\mathrm{opt}}=\mu \boldsymbol{a}^{\mathrm{H}}(\theta_d)\boldsymbol{R}^{-1}\boldsymbol{a}(\theta_d)=1 \tag{6.80}$$

因此，比例系数 μ 满足下式：

$$\mu=\frac{1}{\boldsymbol{a}^{\mathrm{H}}(\theta_d)\boldsymbol{R}^{-1}\boldsymbol{a}(\theta_d)} \tag{6.81}$$

综上，最佳权向量最终表示为

$$\boldsymbol{w}_{\mathrm{opt}}=\frac{\boldsymbol{R}^{-1}\boldsymbol{a}(\theta_d)}{\boldsymbol{a}^{\mathrm{H}}(\theta_d)\boldsymbol{R}^{-1}\boldsymbol{a}(\theta_d)} \tag{6.82}$$

由上述阵列处理过程可以看出，空域处理和时域处理的任务截然不同。传统的时域处理主要提取信号的包络信息，作为载体的载波在完成传输任务后，不再有用；而传统的空域处理则是为了区别波达方向，主要利用载波在不同阵元间的相位差，包络反而不起作用，并利用窄带信号的复包络在各阵元的延迟可忽略不计这一特点以简化计算。

如式(6.82)所示，波束成形器的最佳权向量 $\boldsymbol{w}$ 取决于阵列方向向量 $\boldsymbol{a}(\theta_d)$，而在移动通信中用户的方向向量一般是未知的，需要估计波达方向。因此，在使用式(6.82)计算波束成形的最佳权向量之前，必须在已知阵列几何结构的前提下先估计期望信号的波达方向。该波束成形器可称为最小方差无畸变响应（Minimum Variance Distortionless Response，MVDR）。

6.5.3　MVDR 算法仿真实现

MVDR 算法流程如算法 6.4 所示。

算法 6.4　MVDR 算法流程

步骤 1：收集阵列接收的 N 次快拍数据，计算阵列接收数据协方差矩阵 $\boldsymbol{R}$。

步骤 2：计算期望信号方向的方向向量 $\boldsymbol{a}(\theta_d)$。

步骤 3：根据协方差矩阵 $\boldsymbol{R}$ 和期望方向的方向向量 $\boldsymbol{a}(\theta_d)$，计算波束成形的最佳权向量 $\boldsymbol{w}_{\mathrm{opt}}=\boldsymbol{R}^{-1}\boldsymbol{a}(\theta_d)/\boldsymbol{a}^{\mathrm{H}}(\theta_d)\boldsymbol{R}^{-1}\boldsymbol{a}(\theta_d)$。

步骤 4：由最佳权向量 $\boldsymbol{w}_{\mathrm{opt}}$ 计算波束成形的增益。

【例 6.6】 假设平面有 8 阵元的等距线阵，阵元间距为半波长。空间中有来向分别为 $-40°$、$10°$、$30°$和 $-20°$的四个平面波，信噪比 SNR 分别为 20 dB、-10 dB、10 dB 和 25 dB，期望方向为 10°。求该阵列波束成形的最佳权向量，并画出波束增益图。

输入：

```
%天线数 8，阵元间距半波长，信源 4 个
%SNR 分别取 20、-10、10、25
%DOA 分别取-40、10、30、-20，期望方向 10
clear all;
close all;
M = 8;                                      %阵元个数
p = 4;                                      %信源个数
fc = 1e8;                                   %载波频率
fs = 10 * fc;                               %采样频率
c = 3e8;
lamda = c/fc;                               %波长
d = lamda/2;                                %阵元间距
DOA = [-40, 10, 30, -20];                   %信号来向
theta = 10;                                 %期望方向
N = 512;                                    %快拍数
dt = 1/fs;
t = 0:dt:(N-1) * dt;

s1 = sqrt(2) * cos(2 * pi * fc * t);        %信号 1
mt = sqrt(2) * cos(2 * pi * 5e8 * t);
s2 = mt. * cos(2 * pi * fc * t);            %信号 2
mt = sqrt(2) * cos(2 * pi * 1e7 * t+pi/8);
s3 = mt. * cos(2 * pi * fc * t);            %信号 3
mt = sqrt(2) * cos(2 * pi * 3e6 * t+pi/4);
s4 = mt. * cos(2 * pi * fc * t);            %信号 4
ss = [s1;s2;s3;s4];
s = ss(1:p, :);

%响应矩阵
for i=1:p
    av = ula(M, d, DOA(i), fc);
    A(:, i) = av;
end
snr = [20, -10, 10, 25];                    %信噪比
[S, Noise] = SNR(s, p, M, N, snr);
X = A * S+Noise;
R = X * X'/N;                               %协方差矩阵
a0 = ula(M, d, theta, fc);
Wmvdr = inv(R) * a0/(a0' * inv(R) * a0);    %最佳权向量

do = -90:90; %遍历所有的度数与权向量乘积
pu = zeros(1, length(do));
kg = 1;
```

```
for k = -90:90
    a = ula(M, d, k, fc);
    pu(1, kg) = Wmvdr' * a;
    kg = kg+1;
end
pu = pu/max(pu);                          %谱线
plot(do, 10 * log10(abs(pu)));
grid on;
xlabel('波达方向');
ylabel('波束增益');
```

波束增益如图 6.10 所示。

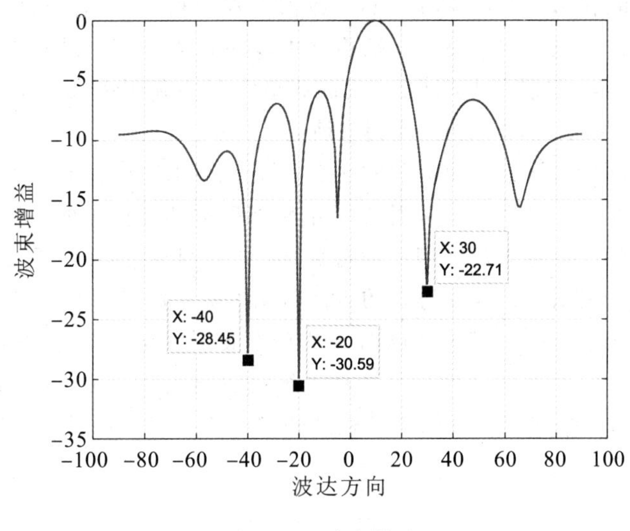

图 6.10　波束增益

6.6　认知无线电频谱感知算法与仿真

随着无线通信技术的飞速发展，新型的无线业务不断涌现，人们对无线频谱资源的需求也日益迫切。然而可用的频谱资源已基本分配完毕，能够为新兴的无线应用分配的频谱非常少甚至没有频谱可以分配。由此可见，频谱资源短缺已成为制约未来无线通信技术发展的最大障碍。另一方面，许多已经分配的频谱资源却没有得到充分利用，造成了频谱资源的严重浪费。为了克服固定频谱分配方式的缺陷，满足无线通信系统不断增长的频谱需求，认知无线电技术应运而生。频谱感知是认知无线电的一个核心技术，其主要任务是通过感知无线频谱环境来判断主用户信号是否出现，以确定授权频谱能否被认知用户使用。

6.6.1　频谱感知理论

频谱感知问题可以描述为下面的二元假设检验问题：

$$\begin{aligned} H_0 &: y(t)=n(t) \\ H_1 &: y(t)=h(t)s(t)+n(t) \end{aligned} \tag{6.83}$$

其中，H_0 和 H_1 分别表示主用户信号不存在和存在的两种假设。$s(t)$是主用户发射信号，$y(t)$是认知用户的接收信号，$h(t)$表示信道增益，$n(t)$表示高斯白噪声。频谱感知就是指认知用户根据其感知时间内所观测到的信号样本，采用一定的信号处理技术，在 H_0 和 H_1 之间做出选择，以判断主用户是否在使用频谱资源。

频谱感知算法的性能主要有检测概率和虚警概率两个衡量指标。检测概率(Probability of Detection，P_d)是指当主用户使用频谱资源时，认知用户能够正确检测到主用户信号，做出 H_1 的判决，即 $P_d=P\{H_1|H_1\}$。虚警概率(Probability of False Alarm，P_{fa})是指当主用户未使用频谱资源时，认知用户误认为检测到主用户信号，做出 H_1 的判决，即 $P_{fa}=P\{H_1|H_0\}$。检测概率反映了认知用户对主用户的干扰程度。P_d 越低，表示认知用户对主用户的干扰越严重；反之，表示主用户的通信得到了很好的保护。虚警概率则反映了频谱空穴的利用率。P_{fa}越低，表示频谱空穴的利用率越高；反之，表明大量的可用频谱资源被浪费。理想的频谱感知算法应该可以同时达到一个很高的检测概率和一个很低的虚警概率。然而，在实际的设计中，提高频谱空穴的利用率和保护主用户的通信安全两者之间存在冲突，需要在两者之间找到平衡点。

根据参与频谱感知的认知用户数目的多少，可以将频谱感知方法分为单用户频谱感知和合作频谱感知，如图 6.11 所示。单用户频谱感知根据感知位置的不同，又分为主用户发射端感知和主用户接收端感知。主用户发射端感知的方法包括匹配滤波检测、能量检测和循环平稳特征检测。主用户接收端感知的方法包括本振泄露功率检测和基于干扰温度的检测。在合作频谱感知中，感知信息的融合成为研究的热点，按照感知信息融合方式的不同，合作频谱感知算法主要分为两大类：基于硬判决融合的算法和基于软判决融合的算法。除此之外，还有一些比较特殊的合作频谱感知算法，例如基于中继协议的合作感知和基于分簇的合作感知。

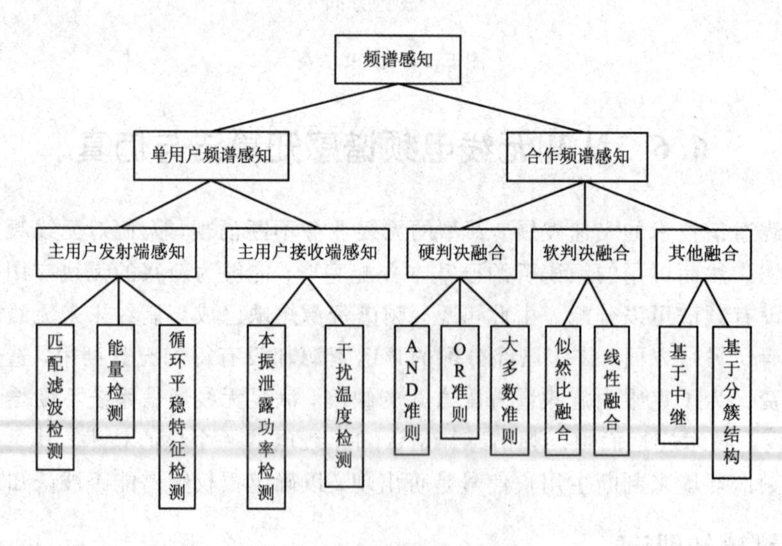

图 6.11　频谱感知方法分类

6.6.2　SMME 算法原理

基于特征值的频谱感知算法近十年来受到国内外学者的广泛关注，该算法不需要主用户信号的先验信息，而且具有高可靠的检测性能。然而，现有的基于特征值的频谱感知算法一般是利用多个合作的感知节点或者配备多根接收天线的单节点实现的。多个节点进行合作感知需要感知信息的融合，增加了系统的开销。此外，在灵活、小尺寸的认知设备上装备多根天线也是不实际的。本小节介绍了一种利用单天线实现的最大最小特征值频谱感知算法(Maximum-Minimum Eigenvalue detection with a Single antenna)，简称为 SMME 算法。该算法仅需单根天线，减少了系统的开销，并且利用幂法计算特征值从而减小了算法的复杂度。

1. 数据模型

假设所要检测的授权频段的中心频率为 f_c，带宽为 W，该授权频段只分配给一个主用户。当主用户没有占用该授权频段时，认知用户就可以临时使用，以提高频谱利用率。认知用户随机分布在网络中，每个认知用户只装备单根接收天线，并且每个认知用户独立地进行频谱感知。

频谱感知问题可以描述为一个二元假设检验问题，如果用 H_0 和 H_1 分别表示主用户信号不存在和主用户信号存在两种情况，则在 H_0 情况下，认知用户的接收信号为

$$y(t)=w(t) \tag{6.84}$$

其中，$w(t)$表示高斯白噪声。由于主用户信号的载波频率为 f_c，因此在 H_1 情况下，认知用户的接收信号可以表示为

$$y(t)=\mathrm{e}^{\mathrm{j}2\pi f_c t}bs(t)+w(t) \tag{6.85}$$

其中，$s(t)$是主用户信号的基带表示，b 是主用户信号的幅度。假设采样频率是 f_s，则在 H_1 情况下，认知用户接收信号的样本为

$$y\left(\frac{n}{f_s}\right)=\exp\left(\mathrm{j}\,\frac{2\pi}{f_s}f_c n\right)bs\left(\frac{n}{f_s}\right)+w\left(\frac{n}{f_s}\right),\ (n=1,\ 2,\ \cdots,\ N) \tag{6.86}$$

其中，N 表示样本的个数。为了描述方便，可以将主用户信号的幅度 b 等效到 $s(t)$中去。在这种情况下，可以认为 $b=1$，因此式(6.86)可以表示成如下向量形式：

$$y=\left[\Phi s\left(\frac{1}{f_s}\right),\ \Phi^2 s\left(\frac{1}{f_s}\right),\ \cdots,\ \Phi^N s\left(\frac{N}{f_s}\right)\right]+w \tag{6.87}$$

其中，$\Phi=\mathrm{e}^{\mathrm{j}(2\pi/f_s)f_c}$，$\boldsymbol{w}\in\mathbb{C}^{N,1}$是接收天线输出的噪声向量。SMME 算法利用单根接收天线获得的感知数据来判断主用户信号的存在性，并且不需要主用户信号或者噪声的先验信息。

2. 算法原理

在数据模型中，认知用户利用单根天线采集到接收信号的 N 个样本，如式(6.87)所示。SMME 算法采用了一种数据堆栈技术，即时间平滑技术来构造一种虚拟多天线接收的数据结构。通过将原始数据样本在时间上平移 M 个单位并进行堆叠，从而形成一个时间平滑的数据矩阵 $\boldsymbol{Y}$，$\boldsymbol{Y}$ 与多天线接收的数据结构相似。基于式(6.87)，$\boldsymbol{Y}$ 可以写成：

$$\boldsymbol{Y}=\begin{bmatrix} \Phi s\left(\frac{1}{f_s}\right) & \Phi^2 s\left(\frac{2}{f_s}\right) & \cdots & \Phi^{N-M+1} s\left(\frac{N-M+1}{f_s}\right) \\ \Phi^2 s\left(\frac{2}{f_s}\right) & \Phi^3 s\left(\frac{3}{f_s}\right) & \cdots & \Phi^{N-M+2} s\left(\frac{N-M+2}{f_s}\right) \\ \vdots & \vdots & \vdots & \vdots \\ \Phi^M s\left(\frac{M}{f_s}\right) & \Phi^{M+1} s\left(\frac{M+1}{f_s}\right) & \cdots & \Phi^N s\left(\frac{N}{f_s}\right) \end{bmatrix}+\boldsymbol{W} \tag{6.88}$$

其中，M 成为时间平滑因子，$\boldsymbol{W}\in\mathbb{C}^{M,N-M+1}$ 表示噪声矩阵，是通过 $\boldsymbol{w}$ 以相似的方式构造的。假设主用户信号是窄带信号，即有：

$$s(t)\approx s\left(t+\frac{1}{f_s}\right)\approx\cdots\approx s\left(t+\frac{M}{f_s}\right)\tag{6.89}$$

在这一条件下，矩阵的各行元素中包含的基带信号的采样值是近似相等的，因此数据矩阵 $\boldsymbol{Y}$ 具有以下的因式分解形式：

$$\boldsymbol{Y}=\begin{bmatrix}\Phi\\\Phi^2\\\vdots\\\Phi^M\end{bmatrix}\left[s\left(\frac{1}{f_s}\right),\ \Phi s\left(\frac{2}{f_s}\right),\ \cdots,\ \Phi^{N-M}s\left(\frac{N-M+1}{f_s}\right)\right]+\boldsymbol{W}\triangleq\boldsymbol{A}\boldsymbol{F}_s+\boldsymbol{W}\tag{6.90}$$

其中：$\boldsymbol{A}\in\mathbb{C}^{M,1}$、$\boldsymbol{F}_s\in\mathbb{C}^{1,N-M+1}$。

由于数据矩阵 $\boldsymbol{Y}$ 具备了虚拟的多天线接收数据的结构，因此可以通过 $\boldsymbol{Y}$ 计算样本协方差矩阵，如下式：

$$\boldsymbol{R}=\frac{1}{N-M+1}\boldsymbol{Y}\boldsymbol{Y}^{\mathrm{H}}\tag{6.91}$$

其中，$(\cdot)^{\mathrm{H}}$ 表示矩阵的共轭转置。假设传输信号和噪声是不相关的，将式(6.90)代到式(6.91)中可得：

$$\boldsymbol{R}\approx\boldsymbol{A}\sigma_s^2\boldsymbol{A}^{\mathrm{H}}+\sigma_n^2\boldsymbol{I}_M\tag{6.92}$$

其中，$\sigma_s^2=\boldsymbol{F}_s\boldsymbol{F}_s^{\mathrm{H}}/(N+M-1)$，$\sigma_n^2$ 表示噪声的方差，$\boldsymbol{I}_M$ 是一个 $M\times M$ 的单位矩阵。用 $\hat{\lambda}_{\max}$ 和 $\hat{\lambda}_{\min}$ 分别表示协方差矩阵 $\boldsymbol{R}$ 的最大特征值和最小特征值的估计值。易知 $\boldsymbol{A}\sigma_s^2\boldsymbol{A}^{\mathrm{H}}$ 唯一的一个非零特征值为 $M\sigma_s^2$，故当主用户信号存在时，$\hat{\lambda}_{\max}=M\sigma_s^2+\sigma_n^2$、$\hat{\lambda}_{\min}=\sigma_n^2$、$\hat{\lambda}_{\max}/\hat{\lambda}_{\min}>1$；当主用户信号不存在时则有 $\hat{\lambda}_{\max}=\hat{\lambda}_{\min}=\sigma_n^2$、$\hat{\lambda}_{\max}/\hat{\lambda}_{\min}=1$。因此最大特征值和最小特征值的比值 $\hat{\lambda}_{\max}/\hat{\lambda}_{\min}$ 可以用来判断主用户信号是否存在。然而 $\hat{\lambda}_{\max}$ 和 $\hat{\lambda}_{\min}$ 只是估计值，因此下面将讨论如何利用幂法来计算协方差矩阵 $\boldsymbol{R}$ 的实际最大特征值和最小特征值。

幂法是一种有效的计算矩阵的最大特征值及对应的特征向量的方法，它利用简单的算术迭代过程就能求出特征值。由于避免了特征值分解的过程，因此幂法求特征值能够减小算法的复杂度。易知幂法能够求解实矩阵的最大特征值和最大特征向量，对于复矩阵，幂法也同样有效，有如下定理：

定理6.1　对于一个厄米特矩阵 $\boldsymbol{U}\in\mathbb{C}^{n\times n}$，如果它有 n 个线性独立的特征向量 $\boldsymbol{u}_1,\cdots,\boldsymbol{u}_n$（$\|u_i\|_2=1,\ for\ \forall i\in[1,\cdots,n]$），并且它的特征值满足 $|\lambda_1|>|\lambda_2|\geqslant\cdots\geqslant|\lambda_n|$，令 $\boldsymbol{v}_0=\sum_{i=1}^{n}\alpha_i\boldsymbol{u}_i(\alpha_1\neq0)$，把 $\boldsymbol{v}_0$ 作为初始向量，则根据矩阵的不同次幂形成如下的特征向量序列：

$$\begin{cases}\boldsymbol{v}_k=\boldsymbol{U}\boldsymbol{v}_{k-1}\\ m_k=\max(\boldsymbol{v}_k)=v_{ki}\left(|v_{ki}|=\max_{1\leqslant j\leqslant n}|v_{ki}|\right)\\ \boldsymbol{v}_k=\dfrac{\boldsymbol{v}_k}{m_k}\qquad(k=1,2,\cdots)\end{cases}\tag{6.93}$$

其中，$\boldsymbol{v}_k=[v_{k1},\cdots,v_{kn}]^{\mathrm{T}}$，$(\cdot)^{\mathrm{T}}$ 表示矩阵的转置。进而有如下的结论：

$$\text{(a)}\ \lim_{k\to\infty}\boldsymbol{v}_k=\frac{\boldsymbol{u}_1}{\max(\boldsymbol{u}_1)},\qquad\text{(b)}\ \lim_{k\to\infty}\frac{\max(\boldsymbol{v}_k)}{\max(\boldsymbol{v}_{k-1})}=\lambda_1\tag{6.94}$$

证明：在上述假设条件下，迭代向量$\boldsymbol{v}_k$可以写成

$$\begin{aligned}\boldsymbol{v}_k &= \boldsymbol{U}\boldsymbol{v}_{k-1} = \boldsymbol{U}^k \boldsymbol{v}_0 \\ &= \alpha_1\lambda_1^k \boldsymbol{u}_1 + \alpha_2\lambda_2^k \boldsymbol{u}_2 + \cdots + \alpha_n\lambda_n^k \boldsymbol{u}_n \\ &= \alpha_1\lambda_1^k\left(\boldsymbol{u}_1 + \sum_{i=2}^{n}\frac{\alpha_i}{\alpha_1}\left(\frac{\lambda_i}{\lambda_1}\right)\boldsymbol{u}_i\right)\end{aligned} \tag{6.95}$$

由于$\boldsymbol{U}$是一个厄米特矩阵，易知$\lambda_i \geqslant 0\ \forall\, i \in [1, \cdots, n]$，也即$\lambda_1 > \lambda_2 \geqslant \cdots \geqslant \lambda_n \geqslant 0$。

通过以上分析，有$\lim\limits_{k\to\infty}(\lambda_i/\lambda_1)^k = 0$。因此当$k$充分大时，易得$\boldsymbol{v}_k = \boldsymbol{U}^k \boldsymbol{v}_0 \approx \alpha_1\lambda_1^k \boldsymbol{u}_1$。通过$\boldsymbol{v}_k$的迭代方程可得$\boldsymbol{v}_k = \boldsymbol{U}^k \boldsymbol{v}_0/\max(\boldsymbol{U}^k \boldsymbol{v}_0)$，注意到$\alpha_1 \neq 0$、$v_{ki} = 1$，很容易得到下述结论：

$$\boldsymbol{v}_k \to \frac{\boldsymbol{u}_1}{\max(\boldsymbol{u}_1)} \tag{6.96}$$

$$\frac{\max(\boldsymbol{v}_k)}{\max(\boldsymbol{v}_{k-1})} = \frac{\lambda_1^k \max\left(\alpha_1 \boldsymbol{u}_1 + \sum_{i=2}^{n}\alpha_i \left(\dfrac{\lambda_i}{\lambda_1}\right)^k \boldsymbol{u}_i\right)}{\lambda_1^{k-1} \max\left(\alpha_1 \boldsymbol{u}_1 + \sum_{i=2}^{n}\alpha_i \left(\dfrac{\lambda_i}{\lambda_1}\right)^{k-1} \boldsymbol{u}_i\right)} \to \lambda_1 \tag{6.97}$$

定理得证。

根据定理6.1，利用幂法可以计算出样本协方差矩阵$\boldsymbol{R}$的最大特征值$\lambda_{\max}$，然后最小特征值$\lambda_{\min}$可通过下式计算：

$$\lambda_{\min} = \frac{\operatorname{tr}(\boldsymbol{R}) - \lambda_{\max}}{M-1} \tag{6.98}$$

其中，$\operatorname{tr}(\boldsymbol{R})$表示矩阵$\boldsymbol{R}$的迹。最终，通过计算可以得到SMME算法的检测统计量，即最大特征值与最小特征值之比$T = \lambda_{\max}/\lambda_{\min}$。

在基于特征值的频谱感知中，必须找到一个合适的判决门限与检测统计量进行比较，以判断主用户信号是否存在。由于协方差矩阵$\boldsymbol{R}$的特征值的分布是非常复杂的，因此判决门限的选择也十分困难。SMME算法利用随机矩阵理论，根据预设的虚警概率P_{fa}推导出判决门限。

当主用户信号不存在时，接收信号的样本协方差矩阵即为噪声的协方差矩阵，可以写成下式：

$$\boldsymbol{R}_n = \frac{1}{N-M+1}\boldsymbol{W}\boldsymbol{W}^{\mathrm{H}} \tag{6.99}$$

$\boldsymbol{R}_n$是一个具有特殊性质的威沙特矩阵。近年来，研究学者对于威沙特随机矩阵的联合概率密度函数(Probability Density Function，PDF)进行了深入研究，但是由于其表达式十分复杂，因此并没有找到其特征值的边缘概率密度函数的确定表达式。但是研究学者在近期发现了威沙特随机矩阵最大特征值和最小特征值的分布，如下述定理中的描述，其中$K = N-M+1$。

定理6.2 假设背景噪声为实噪声，令$\boldsymbol{V} = K\boldsymbol{R}_n/\sigma_n^2$、$\mu = (\sqrt{K-1}+\sqrt{M})^2$以及$\nu = (\sqrt{K-1}+\sqrt{M})(1/\sqrt{K-1}+1/\sqrt{M})^{1/3}$。假设$\lim\limits_{K\to\infty}M/K = a\ (0<a<1)$，则有$[\lambda_{\max}(\boldsymbol{V})-\mu]/\nu$收敛到1阶Tracy-Widom分布。

定理6.3 假设背景噪声为复噪声，令$\boldsymbol{V} = K\boldsymbol{R}_n/\sigma_n^2$、$\mu' = (\sqrt{K}+\sqrt{M})^2$以及$\nu' = (\sqrt{K}+\sqrt{M})(1/\sqrt{K}+1/\sqrt{M})^{1/3}$。假设$\lim\limits_{K\to\infty}M/K = a\ (0<a<1)$，则有$[\lambda_{\max}(\boldsymbol{V})-\mu']/\nu'$收

敛到 2 阶 Tracy-Widom 分布。

当 K 很大时，μ 和 μ'、ν 和 ν' 几乎相同，即在噪声分别为实噪声和复噪声的情况下，随机矩阵的最大特征值分布的均值和方差几乎相同，但是它们的极限分布是不同的。Bai 和 Yin 发现了随机矩阵的最小特征值的极限值的计算方法，理论如下：

定理 6.4 假设 $\lim\limits_{K\to\infty}\dfrac{M}{K}=a(0<a<1)$，则有 $\lim\limits_{K\to\infty}\lambda_{\min}=\sigma_n^2(1-\sqrt{a})^2$。

基于以上定理，可以得到：

$$\lambda_{\max}\approx\frac{\sigma_n^2}{K}(\sqrt{K}+\sqrt{M})^2 \tag{6.100}$$

$$\lambda_{\min}\approx\frac{\sigma_n^2}{K}(\sqrt{K}-\sqrt{M})^2 \tag{6.101}$$

由 Tracy 和 Widom 发现的某些类型的随机矩阵的最大特征值的分布被定义为 Tracy-Widom 分布。用 F_1 和 F_2 分别表示 1 阶 Tracy-Widom 分布和 2 阶 Tracy-Widom 分布的累积分布函数(Cumulative Distribution Function，CDF)，可以通过数值表查询其函数值。表 6.1 列出了 F_1 在某些点处的值，可以通过逆函数 $F_1^{-1}(y)$ 求一些点的值。例如 $F_1^{-1}(0.95)=0.98$、$F_1^{-1}(0.99)=2.02$。

表 6.1 1 阶 Tracy-Widom 分布

t	−3.90	−3.18	−2.78	−1.91	−1.27	−0.59	−0.45	−0.98	2.02
$F_1(t)$	0.01	0.05	0.10	0.30	0.50	0.70	0.90	0.95	0.99

利用上述理论，可以推导出 SMME 算法的判决门限。用 γ 表示判决门限，则 SMME 算法的虚警概率为

$$\begin{aligned}P_{\mathrm{fa}}&=P(\lambda_{\max}>\gamma\lambda_{\min})\\&=P\left(\frac{\sigma_n^2}{K}\lambda_{\max}(\mathbf{V})>\gamma\lambda_{\min}\right)\\&\approx P(\lambda_{\max}(\mathbf{V})>\gamma(\sqrt{V}-\sqrt{M})^2)\\&=P\left(\frac{\lambda_{\max}(\mathbf{V})-\mu}{\nu}>\frac{\gamma(\sqrt{K}-\sqrt{M})^2-\mu}{\nu}\right)\\&=1-F_1\left(\frac{\gamma(\sqrt{K}-\sqrt{M})^2-\mu}{\nu}\right)\end{aligned} \tag{6.102}$$

因此，可以得到：

$$F_1\left(\frac{\gamma(\sqrt{K}-\sqrt{M})^2-\mu}{\nu}\right)=1-P_{\mathrm{fa}} \tag{6.103}$$

$$\frac{\gamma(\sqrt{K}-\sqrt{M})^2-\mu}{\nu}=F_1^{-1}(1-P_{\mathrm{fa}}) \tag{6.104}$$

通过 μ 和 ν 的定义，最终可以得到判决门限为

$$\gamma=\frac{(\sqrt{K}+\sqrt{M})^2}{(\sqrt{K}-\sqrt{M})^2}\left(1+\frac{(\sqrt{K}+\sqrt{M})^{-2/3}}{(KM)^{1/6}}F_1^{-1}(1-P_{\mathrm{fa}})\right) \tag{6.105}$$

计算出判决门限后，通过将检测统计量和判决门限进行比较，即可判断主用户信号是否存在。

6.6.3　SMME算法仿真实现

通过上一小节的分析，SMME算法的步骤可以总结如算法6.5所示。

算法6.5　SMME算法流程

步骤1：利用时间平滑技术，使单天线接收信号的样本数据形成一个时间平滑数据矩阵 $\boldsymbol{Y}$，并通过式(6.91)计算样本协方差矩阵 $\boldsymbol{R}$。

步骤2：采用幂法计算样本协方差矩阵 $\boldsymbol{R}$ 的最大特征值 λ_{max}，并通过式(6.98)计算样本协方差矩阵 $\boldsymbol{R}$ 的最小特征值 λ_{min}，得到检测统计量 $T=\lambda_{max}/\lambda_{min}$。

步骤3：根据预设的虚警概率 P_{fa}，通过式(6.105)计算判决门限 γ。

步骤4：将检测统计量和判决门限进行比较，如果 $T\geqslant\gamma$，则表明主用户信号存在；反之，表明主用户信号不存在。

【例6.7】 在平滑因子 $M=6$，信噪比SNR＝－12 dB，虚警概率从0变化到1，间隔为0.1的条件下，绘出SMME算法的检测概率曲线。

```
%%%% BPSK信号生成函数
function s_2psk=bpsk(fc, fs, M)
% fc：载波频率；fs：采样频率；  M：采样点数
T=10e-6;        %带宽=2/T=0.2MHz
N=100;          %码元数
dt=1/fs;
t=0:dt:N*T-dt;
Lt=length(t);
d=sign(randn(1, N));
dd=sigexpand((d+1)/2, fs*T);
gt=ones(1, fs*T);
d_NRZ=conv(dd, gt);
ht=2*exp(j*2*pi*fc*t);
d_2psk=2*d_NRZ-1;
s_2psk=d_2psk(1:Lt).*ht;
s_2psk=s_2psk(1:M);

%%%% 输入序列扩展函数
function out=sigexpand(d, M)
% 将输入的序列扩展成间隔为N-1个0的序列
N=length(d);
out=zeros(M, N);
out(1, :)=d;
out=reshape(out, 1, M*N);

%%%% 应用幂和反幂法计算矩阵的最大、最小特征值函数
function max=maxeig(A, N, epsilon)
```

```
% A：矩阵；N：允许迭代的次数；epsilon：误差
% 输出最大、最小特征值
u0=diag(eye(size(A)));
u=A*u0;
y=u/norm(u);
i=1;
while i<=N && norm(u-u0, inf)>epsilon
    u0=u;
    u=A*y;
    y=u/norm(u);
    i=i+1;
end
max=y'*u;

%%%% SMME算法函数
function Pd=SMME(N, SNR, Pfa, M)
% N：样本个数；SNR：信噪比；Pfa：虚警概率；M：平滑因子
fc=8e6;                              %载波频率
fs=32e6;                             %采样频率
s=bpsk(fc, fs, N);                   %主用户发射信号
Ps=sum(abs(s).^2)/N;                 %主用户发射信号功率

K=N-M+1;
a=(sqrt(K)+sqrt(M))^2;
b=(sqrt(K)-sqrt(M))^2;
c=(sqrt(K)+sqrt(M))^(-2/3)/((K*M)^(1/6));

if Pfa==0.00
    F=15.49;
    %F=3.50;
end
if Pfa==0.10
    F=-0.59;
    %F=0.45;
end
if Pfa==0.20
    F=-1.22;
    %F=-0.16;
end
if Pfa==0.40-0.10
    F=-1.32;
    %F=-0.59;
end
```

```
if Pfa==0.40
    F=-1.57;
    %F=-0.95;
end
if Pfa==0.50
    F=-1.80;
    %F=-1.27;
end
if Pfa==0.60
    F=-2.03;
    %F=-1.58;
end
if Pfa==0.70
    F=-2.26;
    %F=-1.91;
end
if Pfa==0.80
    F=-2.54;
    %F=-2.28;
end
if Pfa==0.90
    F=-2.90;
    %F=-2.78;
end
if Pfa==1.00
    F=-3.89;
end

gamma=a/b*(1+c*F);                    %判决门限
y=zeros(M, K);                        %时间平滑数据矩阵
time=1000;                            %蒙特卡罗实验次数

Pn=Ps/10^(0.1*SNR);                   %噪声功率
h=0;
for j=1:time
        n=sqrt(Pn/2)*randn(1, N);
        yy=s+n;                       %接收信号
        for m=1:M
        y(m, :)=yy(m:N-M+m);          %利用时间平滑技术进行堆栈
        end
        R=y*y'/K;                     %样本协方差矩阵
        max=maxeig(R, 10, 1e-6);      %利用幂法计算最大特征值
        min=(trace(R)-max)/(M-1);     %计算最小特征值
```

```
    T=max/min;                          %检测统计量
    if T>gamma||T==gamma
        h=h+1;
    end
end
Pd=h/time;
```

输入:

```
clc
clear all
N=512;                                  %样本个数
M=6;                                    %平滑因子
SNR=-12;                                %信噪比
Pfa=0:0.1:1;                            %虚警概率
L=length(Pfa);
Pd=zeros(1, L);                         %检测概率
for i=1:L
        pf=Pfa(i);
        Pd(i)=SMME(N, SNR, pf, M);
end
plot(Pfa, Pd, '-ok', 'LineWidth', 1.5);
grid on;
xlabel('虚警概率');
ylabel('检测概率');
```

输出:

SMME算法检测概率曲线如图6.12所示。

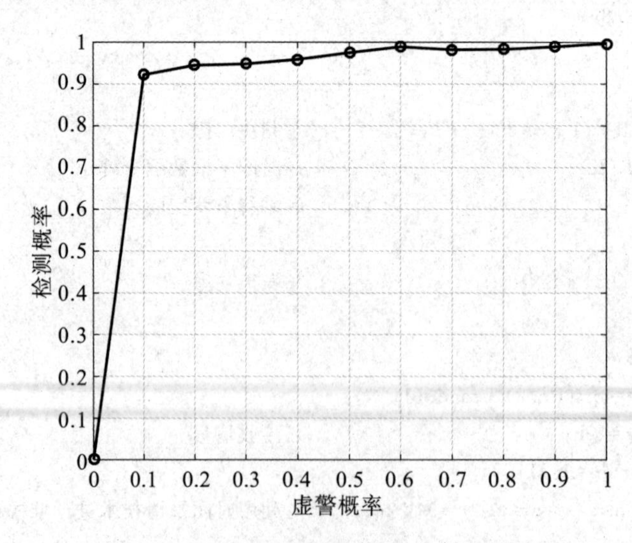

图6.12 SMME算法检测概率曲线

【例6.8】 在平滑因子$M=6$,虚警概率$P_{fa}=0.1$,信噪比分别取-13 dB和-12 dB,样本个数从300变化到1200,间隔为100的条件下,绘出不同样本数目下SMME算法检

测概率曲线。

输入：

```
clc
clear all
M=6;
Pfa=0.1;
NN=300:100:1200;
SNR1=-12;
SNR2=-13;
L=length(NN);
Pd1=zeros(1, L);
Pd2=zeros(1, L);

for i=1:L
    N=NN(i);
    Pd1(i)=SMME(N, SNR1, Pfa, M);
    Pd2(i)=SMME(N, SNR2, Pfa, M);
end

plot(NN, Pd1, '-dk', NN, Pd2, '-.ok', 'LineWidth', 1.5);
grid on;
legend('SNR=-12dB', 'SNR=-13dB');
xlabel('样本个数');
ylabel('检测概率');
```

输出：

不同样本数目下 SMME 算法检测概率曲线如图 6.13 所示。

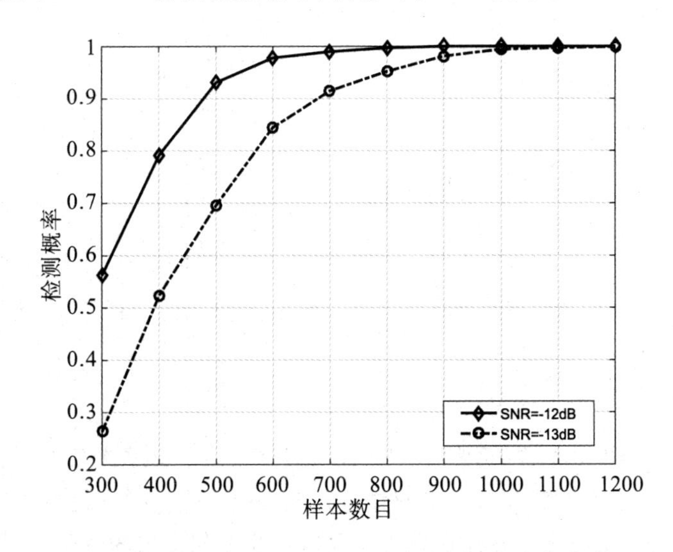

图 6.13　不同样本数目下 SMME 算法检测概率曲线

6.7 混合预编码算法与仿真

毫米波频段因其具有大量的空闲频带资源，已经成为实现更高吞吐量的第五代移动通信的关键频段，毫米波通信技术成为第五代移动通信的关键技术之一。由于多输入多输出(Multiple Input Multiple Output，MIMO)技术可以提高系统抗衰落性能并支持多数据流，因此得到了各国专家学者们的广泛关注。将毫米波和大规模 MIMO 技术相结合的毫米波大规模混合波束成形技术被认为是无线通信系统的一种非常有前景的技术。

传统的全数字波束成形方案要求每个天线与独占的射频链(Radio frequency chain，RF chain)相连，因此导致巨大的硬件成本和功耗，在毫米波频段是不实用的。为解决这一问题，学者们提出了混合波束成形结构，它包括基带的数字波束成形和射频域的模拟波束成形。由于混合波束成形结构只需要较少的射频链来控制大规模天线阵列，因此可以有效地降低成本和功耗。

6.7.1 混合预编码系统模型

为了使毫米波大规模 MIMO 系统在获得较高性能的同时保证较低的硬件开销，实现用有限射频电路数目来驱动整个大规模天线阵列，模拟预编码和数字预编码相结合的混合的预编码结构得到了广泛的关注与研究。

共享型单用户毫米波大规模 MIMO 的系统模型如图 6.14 所示。其中，发射端天线数目为 N_t，接收端天线数目为 N_r，基带数据流数为 N_s，发射端和接收端的射频链数目都为 N_{RF}。在大规模 MIMO 通信系统中，根据射频链的功能和混合预编码方案，射频链的数量大于或等于基带数据流的数量，小于或等于发射或接收天线的数量，即 $N_s \leqslant N_{RF} \leqslant \min(N_t, N_r)$。

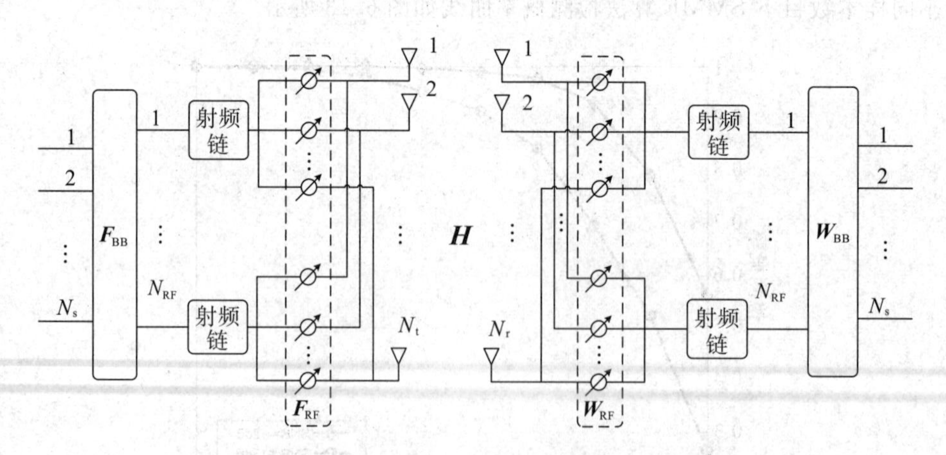

图 6.14 共享型单用户毫米波大规模 MIMO 的系统模型

$\boldsymbol{F}_{RF}$表示 $N_t \times N_{RF}$ 大小的模拟预编码矩阵，$\boldsymbol{F}_{BB}$表示 $N_{RF} \times N_s$ 大小的数字预编码矩阵，则经过发射端的混合预编码矩阵处理后再由发射天线阵列发出的信号可以写成如下形式：

$$\boldsymbol{x} = \boldsymbol{F}_{RF}\boldsymbol{F}_{BB}\boldsymbol{s} \tag{6.106}$$

其中：$\boldsymbol{s}$ 代表传输的数据流，其为 $N_s \times 1$ 维的列向量，且该向量满足 $\mathbb{E}[\boldsymbol{s}\boldsymbol{s}^{\mathrm{H}}]=(1/N_s)\boldsymbol{I}_{N_s}$。发射端总功率满足 $\|\boldsymbol{F}_{\mathrm{RF}}\boldsymbol{F}_{\mathrm{BB}}\|_{\mathrm{F}}^2=N_s$ 的约束条件。

假设发送端和接收端都已知信道矩阵 $\boldsymbol{H}$，则接收端接收信号为

$$\boldsymbol{y}=\sqrt{\rho}\boldsymbol{W}_{\mathrm{BB}}^{\mathrm{H}}\boldsymbol{W}_{\mathrm{RF}}^{\mathrm{H}}\boldsymbol{H}\boldsymbol{F}_{\mathrm{RF}}\boldsymbol{F}_{\mathrm{BB}}\boldsymbol{s}+\boldsymbol{W}_{\mathrm{BB}}^{\mathrm{H}}\boldsymbol{W}_{\mathrm{RF}}^{\mathrm{H}}\boldsymbol{n} \tag{6.107}$$

其中：$\boldsymbol{y}$ 表示接收信号，ρ 表示接收信号平均功率，$\boldsymbol{W}_{\mathrm{BB}}$ 和 $\boldsymbol{W}_{\mathrm{RF}}$ 分别表示数字组合矩阵和模拟组合矩阵，$\boldsymbol{H}$ 表示信道矩阵，$\boldsymbol{n}$ 表示高斯白噪声。

传统的MIMO信道模型由于自由空间路径损耗较高、天线阵列密集的特点，因而不适用于毫米波信道模型。毫米波传播路径的特点是窄带聚类信道模型，如Saleh-Valenzuela模型。所以，毫米波信道矩阵可以写成如下形式：

$$\boldsymbol{H}=\sqrt{\frac{N_t N_r}{N_{\mathrm{cl}} N_{\mathrm{ray}}}}\sum_{i=1}^{N_{\mathrm{cl}}}\sum_{l=1}^{N_{\mathrm{ray}}}\alpha_{il}\,\boldsymbol{a}_r(\phi_{il}^r,\theta_{il}^r)\boldsymbol{a}_t(\phi_{il}^t,\theta_{il}^t)^{\mathrm{H}} \tag{6.108}$$

其中，N_{cl} 表示信道中信号传播所形成簇的个数，N_{ray} 表示每簇中信号的传播路径个数。α_{il} 表示在第 i 簇中第 l 个路径所获得的信道增益，其满足 $\mathcal{CN}(0,\sigma_{\alpha,i}^2)$ 的高斯分布，且 $\sum_{i=1}^{N_{\mathrm{cl}}}\sigma_{\alpha,i}^2=\hat{\gamma}$ 是满足 $\mathrm{E}[\|\boldsymbol{H}\|_{\mathrm{F}}^2]=N_t N_r$ 约束的归一化因子。$\boldsymbol{a}_t(\phi_{il}^t,\theta_{il}^t)$ 表示发射端的传输阵列响应向量，$\boldsymbol{a}_r(\phi_{il}^r,\theta_{il}^r)$ 表示接收端的接收阵列响应向量，ϕ_{il}^r，θ_{il}^r 表示信号在接收端接收的方位角和仰角，ϕ_{il}^t，θ_{il}^t 表示信号在发射端发射的方位角和仰角。对于 $M\times N$ 阵元，阵元间距为半波长的平面均匀方阵，响应向量由下式给出：

$$\boldsymbol{a}(\phi_{il},\theta_{il})=\frac{1}{\sqrt{MN}}\left[1,\cdots,\mathrm{e}^{\mathrm{j}\frac{2\pi}{\lambda}d(p\cos\phi_{il}\sin\theta_{il}+q\sin\phi_{il}\sin\theta_{il})},\cdots,\mathrm{e}^{\mathrm{j}\frac{2\pi}{\lambda}d((M-1)\cos\phi_{il}\sin\theta_{il}+(N-1)\sin\phi_{il}\sin\theta_{il})}\right]^{\mathrm{T}} \tag{6.109}$$

其中：$0\leqslant p\leqslant M$、$0\leqslant q\leqslant N$。

原始的信号经发射端预编码处理后，再通过毫米波信道传输，最终经过接收端解码处理后所得到的传输信号的频谱效率可以表示为

$$R=\mathrm{lbdet}\left\{\boldsymbol{I}_{N_s}+\frac{\rho}{N_s}\boldsymbol{R}_n^{-1}\boldsymbol{W}_{\mathrm{BB}}^{\mathrm{H}}\boldsymbol{W}_{\mathrm{RF}}^{\mathrm{H}}\boldsymbol{H}\boldsymbol{F}_{\mathrm{RF}}\boldsymbol{F}_{\mathrm{BB}}\boldsymbol{F}_{\mathrm{BB}}^{\mathrm{H}}\boldsymbol{F}_{\mathrm{RF}}^{\mathrm{H}}\boldsymbol{H}^{\mathrm{H}}\boldsymbol{W}_{\mathrm{RF}}\boldsymbol{W}_{\mathrm{BB}}\right\} \tag{6.110}$$

其中，$\boldsymbol{R}_n=\sigma_n^2\boldsymbol{W}_{\mathrm{BB}}^{\mathrm{H}}\boldsymbol{W}_{\mathrm{RF}}^{\mathrm{H}}\boldsymbol{W}_{\mathrm{RF}}\boldsymbol{W}_{\mathrm{BB}}$ 表示组合处理后的噪声协方差矩阵。

本小节将采用频谱效率对所提算法的性能进行评价。然而如果直接最大化频谱效率 R，则需要对式(6.110)中的四个矩阵变量($\boldsymbol{F}_{\mathrm{RF}}$，$\boldsymbol{F}_{\mathrm{BB}}$，$\boldsymbol{W}_{\mathrm{RF}}$，$\boldsymbol{W}_{\mathrm{BB}}$)进行联合优化。在实际求解过程中，难以找到类似的联合优化问题的全局最优解。通常来说，这个联合设计问题被分为了两个子问题，即预编码问题和合并问题，它们有相似的数学表达式。预编码优化问题和合并优化问题可以表示为

$$\begin{aligned}&\min_{\boldsymbol{F}_{\mathrm{RF}},\boldsymbol{F}_{\mathrm{BB}}}\ \|\boldsymbol{F}_{\mathrm{opt}}-\boldsymbol{F}_{\mathrm{RF}}\boldsymbol{F}_{\mathrm{BB}}\|_{\mathrm{F}}\\&\ \text{s.t.}\ \ |\boldsymbol{F}_{\mathrm{RF}(m,n)}|=1\\&\qquad\ \|\boldsymbol{F}_{\mathrm{RF}}\boldsymbol{F}_{\mathrm{BB}}\|_{\mathrm{F}}^2=N_s\end{aligned} \tag{6.111}$$

$$\begin{aligned}&\min_{\boldsymbol{W}_{\mathrm{RF}},\boldsymbol{W}_{\mathrm{BB}}}\ \|\boldsymbol{W}_{\mathrm{opt}}-\boldsymbol{W}_{\mathrm{RF}}\boldsymbol{W}_{\mathrm{BB}}\|_{\mathrm{F}}\\&\ \text{s.t.}\ \ |\boldsymbol{W}_{\mathrm{RF}(m,n)}|=1\end{aligned} \tag{6.112}$$

其中，$|\boldsymbol{F}_{\mathrm{RF}(m,n)}|$ 和 $|\boldsymbol{W}_{\mathrm{RF}(m,n)}|$ 分别表示模拟预编码矩阵 $\boldsymbol{F}_{\mathrm{RF}}$ 和模拟组合矩阵 $\boldsymbol{W}_{\mathrm{RF}}$ 中下标为

(m, n)的元素的绝对值。$\boldsymbol{F}_{\mathrm{opt}}$和$\boldsymbol{W}_{\mathrm{opt}}$分别表示在无约束条件下得到的最优的全数字预编码矩阵和全数字组合矩阵。考虑传统的MIMO通信系统中的SVD方法，在没有恒模约束的条件下，$\boldsymbol{F}_{\mathrm{opt}}$和$\boldsymbol{W}_{\mathrm{opt}}$可以由信道矩阵的奇异值分解获得，$\boldsymbol{H}=\boldsymbol{U\Sigma V}^{\mathrm{H}}$ 则$\boldsymbol{F}_{\mathrm{opt}}=\boldsymbol{V}_{:,1:N_s}$，$\boldsymbol{W}_{\mathrm{opt}}=\boldsymbol{U}_{:,1:N_s}$。$\|\boldsymbol{F}_{\mathrm{RF}}\boldsymbol{F}_{\mathrm{BB}}\|_{\mathrm{F}}^2=N_s$ 表示发射信号的功率约束。

6.7.2　基于OMP的稀疏混合预编码算法原理

由式(6.111)可知发射端混合预编码优化问题便是找到最适合的混合预编码矩阵$\boldsymbol{F}_{\mathrm{RF}}\boldsymbol{F}_{\mathrm{BB}}$，使得$\boldsymbol{F}_{\mathrm{RF}}\boldsymbol{F}_{\mathrm{BB}}$与最优预编码矩阵$\boldsymbol{F}_{\mathrm{opt}}$之间的差距最小。基于OMP的稀疏混合预编码算法全称为基于正交匹配追踪(Orthogonal Matching Pursuit，OMP)的稀疏混合预编码算法，其核心思想是使用匹配的方式从预定义的模拟预编码矩阵码本集合F中选取最好的N_{RF}个列向量作为模拟预编码矩阵$\boldsymbol{F}_{\mathrm{RF}}$的解。

接下来对基于OMP的稀疏混合预编码算法的求解过程进行详细描述。

首先，令模拟预编码矩阵$\boldsymbol{F}_{\mathrm{RF}}$为空矩阵，最优数字预编码矩阵$\boldsymbol{F}_{\mathrm{opt}}$作为残差矩阵$\boldsymbol{F}_{\mathrm{res}}$的初始值；本小节中以阵列响应矩阵$\boldsymbol{A}_t$作为预定义码本$F$。将阵列响应矩阵$\boldsymbol{A}_t$的共轭转置与残差矩阵相乘构建一个新的矩阵$\boldsymbol{\Phi}=\boldsymbol{A}_t^{\mathrm{H}}\boldsymbol{F}_{\mathrm{res}}$，有利于从中选出最好的模拟预编码矩阵$\boldsymbol{F}_{\mathrm{RF}}$。

然后，因为最优预编码在残差矩阵上有最大的投影，所以要找出最优预编码就得先找出$\boldsymbol{\Phi\Phi}^{\mathrm{H}}$的对角线元素最大值所对应的脚标$k$，记为

$$k=\operatorname{argmax}(\operatorname{diag}(\boldsymbol{\Phi\Phi}^{\mathrm{H}})) \tag{6.113}$$

利用式(6.113)把原子矩阵$\boldsymbol{A}_t$的第k列挑选出来，放入模拟预编码矩阵$\boldsymbol{F}_{\mathrm{RF}}$中，这时新的模拟预编码矩阵可以写为$\boldsymbol{F}_{\mathrm{RF}}=[\boldsymbol{F}_{\mathrm{RF}}|\boldsymbol{A}_t^k]$，此时的模拟预编码矩阵是最优的。

接下来，将得到的模拟预编码矩阵代入式(6.111)找到最优的数字预编码矩阵$\boldsymbol{F}_{\mathrm{BB}}$。要令得到的数字预编码矩阵最优，也就意味着混合预编码矩阵$\boldsymbol{F}_{\mathrm{RF}}\boldsymbol{F}_{\mathrm{BB}}$与最优全数字预编码矩阵$\boldsymbol{F}_{\mathrm{opt}}$之间的差距要最小，运用最小二乘法来求解$\boldsymbol{F}_{\mathrm{BB}}$，有：

$$\underset{\boldsymbol{F}_{\mathrm{BB}}}{\operatorname{minimize}}\|\boldsymbol{F}_{\mathrm{opt}}-\boldsymbol{F}_{\mathrm{RF}}\boldsymbol{F}_{\mathrm{BB}}\|_{\mathrm{F}} \tag{6.114}$$

此时，得到最优数字预编码矩阵$\boldsymbol{F}_{\mathrm{BB}}=(\boldsymbol{F}_{\mathrm{RF}}^{\mathrm{H}}\boldsymbol{F}_{\mathrm{RF}})^{-1}\boldsymbol{F}_{\mathrm{RF}}^{\mathrm{H}}\boldsymbol{F}_{\mathrm{opt}}$。求得$\boldsymbol{F}_{\mathrm{BB}}$之后，更新残差矩阵$\boldsymbol{F}_{\mathrm{res}}$，则有：

$$\boldsymbol{F}_{\mathrm{res}}=\frac{\boldsymbol{F}_{\mathrm{opt}}-\boldsymbol{F}_{\mathrm{RF}}\boldsymbol{F}_{\mathrm{BB}}}{\|\boldsymbol{F}_{\mathrm{opt}}-\boldsymbol{F}_{\mathrm{RF}}\boldsymbol{F}_{\mathrm{BB}}\|_{\mathrm{F}}} \tag{6.115}$$

令迭代次数等于发射端的射频链数目N_{RF}，每次循环用阵列响应矩阵$\boldsymbol{A}_t$的共轭转置矩阵与新的残差矩阵$\boldsymbol{F}_{\mathrm{res}}$相乘的方式来构建出新的矩阵$\boldsymbol{\Phi}=\boldsymbol{A}_t^{\mathrm{H}}\boldsymbol{F}_{\mathrm{res}}$，重复以上步骤，直到循环次数等于射频链数目为止。此时，得到数字预编码矩阵$\boldsymbol{F}_{\mathrm{BB}}$和模拟预编码矩阵$\boldsymbol{F}_{\mathrm{RF}}$。根据约束条件$\|\boldsymbol{F}_{\mathrm{RF}}\boldsymbol{F}_{\mathrm{BB}}\|_{\mathrm{F}}^2=N_s$，可得功率约束后的数字预编码矩阵为

$$\boldsymbol{F}_{\mathrm{BB}}=\sqrt{N_s}\frac{\boldsymbol{F}_{\mathrm{BB}}}{\|\boldsymbol{F}_{\mathrm{RF}}\boldsymbol{F}_{\mathrm{BB}}\|_{\mathrm{F}}} \tag{6.116}$$

6.7.3　基于OMP的稀疏混合预编码算法仿真实现

基于OMP的稀疏混合预编码算法的步骤如算法6.6所示。

算法 6.6　基于 OMP 的稀疏混合预编码算法

步骤 1：输入$\boldsymbol{F}_{\text{opt}}$、$\boldsymbol{A}_t$。

步骤 2：初始化$\boldsymbol{F}_{\text{res}}=\boldsymbol{F}_{\text{opt}}$，$\boldsymbol{F}_{\text{RF}}$为空矩阵，初始化迭代次数 $k=0$。

步骤 3：迭代次数 $k=k+1$。

步骤 4：$\boldsymbol{\Phi}=\boldsymbol{A}_t^{\text{H}}\boldsymbol{F}_{\text{res}}$，计算 $k=\text{argmax}(\text{diag}(\boldsymbol{\Phi}\boldsymbol{\Phi}^{\text{H}}))$。

步骤 5：令$\boldsymbol{F}_{\text{RF}}=[\boldsymbol{F}_{\text{RF}}|\boldsymbol{A}_t^k]$。

步骤 6：计算$\boldsymbol{F}_{\text{BB}}=(\boldsymbol{F}_{\text{RF}}^{\text{H}}\boldsymbol{F}_{\text{RF}})^{-1}\boldsymbol{F}_{\text{RF}}^{\text{H}}\boldsymbol{F}_{\text{opt}}$。

步骤 7：计算$\boldsymbol{F}_{\text{res}}=(\boldsymbol{F}_{\text{opt}}-\boldsymbol{F}_{\text{RF}}\boldsymbol{F}_{\text{BB}})/\|\boldsymbol{F}_{\text{opt}}-\boldsymbol{F}_{\text{RF}}\boldsymbol{F}_{\text{BB}}\|_{\text{F}}$。

步骤 8：若 $k=N_{\text{RF}}$，则跳转到步骤 3；否则循环结束。

步骤 9：输出$\boldsymbol{F}_{\text{RF}}$，$\boldsymbol{F}_{\text{BB}}=\sqrt{N_{\text{s}}}\boldsymbol{F}_{\text{BB}}/\|\boldsymbol{F}_{\text{RF}}\boldsymbol{F}_{\text{BB}}\|_{\text{F}}$。

【例 6.9】 假设发射端的天线阵列为平面均匀面阵，阵元间距 d 为半波长，发射端数据流数为 4，射频链数为 4，发射端天线数 $N_{\text{t}}=144$，接收端天线数 $N_{\text{r}}=136$。设置毫米波传输信道的路径数为 50，根据毫米波按簇传输的特性，假设这 40 条路径被平均分成 5 簇，每簇包含 10 条子径。信噪比 SNR 的变化范围为 −35 dB～5 dB。试绘出最优全数字预编码算法和基于 OMP 的稀疏混合预编码算法的频谱效率随信噪比 SNR 变化的曲线。

```
%%%% 生成服从拉普拉斯分布的随机数
function y= laprnd(m, n, mu, sigma)
% mu：均值；sigma：标准差；[m, n]：y 的维数
%默认 mu = 0, sigma = 1.
if nargin < 2
    error('At least two inputs are required');
end
if nargin == 2
    mu = 0; sigma = 1;
end
if nargin == 3
    sigma = 1;
end
%产生拉普拉斯随机数
u = rand(m, n)-0.5;
b = sigma / sqrt(2);
y = mu + sign(u) .* ( pi - b. * log( exp(pi./b) + (2-2.*exp(pi./b)) .* abs(u) ) );

%%%%平面均匀面阵阵列响应函数
function y = array_response(a1, a2, N)
for m= 0:sqrt(N)-1
    for n= 0:sqrt(N)-1
    y(m*(sqrt(N))+n+1)=exp(1i*pi* (m*sin(a1)*sin(a2) + n*cos(a2) ) );
    end
end
```

```
y = y.'/sqrt(N);
end

%%%% OMP算法
function [ FRF, FBB ] = OMP( Fopt, NRF, At )
% Fopt: 最优全数字预编码矩阵; NRF: 射频链数; At: 响应矩阵
FRF = [];
Fres = Fopt;
for k = 1:NRF
    PU = At' * Fres;
    [aa, bb] = max(sum( abs(PU).^2, 2 ));
    FRF = [FRF , At(:, bb)];
    FBB = pinv(FRF) * Fopt;
    Fres = (Fopt - FRF * FBB) / norm(Fopt - FRF * FBB, 'fro');
end
```

输入:

```
close all
clear all
Ns = 4;                          %数据流数
Nt = 144;                        %发射端天线数
Nr = 36;                         %接收端天线数
NRF = 4;                         %射频链数目
Nc = 5;                          %信道簇数
Nray = 10;                       %信道每簇子径数
angle_sigma = 10/180 * pi;       %发射端接收端方位角俯仰角的标准偏差
gamma = sqrt((Nt * Nr)/(Nc * Nray));      %归一化因子
sigma = 1; %根据H的归一化条件决定

realization = 1000;  %迭代次数
count = 0;
for reali = 1:realization %根据迭代次数生成三维信道矩阵
    for c = 1:Nc
        AoD_m = unifrnd(0, 2 * pi, 1, 2);
        AoA_m = unifrnd(0, 2 * pi, 1, 2);

        AoD(1, [(c-1) * Nray+1:Nray * c]) = laprnd(1, Nray, AoD_m(1), angle_sigma);
        AoD(2, [(c-1) * Nray+1:Nray * c]) = laprnd(1, Nray, AoD_m(2), angle_sigma);
        AoA(1, [(c-1) * Nray+1:Nray * c]) = laprnd(1, Nray, AoA_m(1), angle_sigma);
        AoA(2, [(c-1) * Nray+1:Nray * c]) = laprnd(1, Nray, AoA_m(2), angle_sigma);
    end

    H(:, :, reali) = zeros(Nr, Nt);
    for j = 1:Nc * Nray
```

```
            At(:, j, reali) = array_response(AoD(1, j), AoD(2, j), Nt); %响应矩阵
            Ar(:, j, reali) = array_response(AoA(1, j), AoA(2, j), Nr);
            alpha(j, reali) = normrnd(0, sqrt(sigma/2)) + normrnd(0, sqrt(sigma/2)) * sqrt(-1);
            H(:, :, reali) = H(:, :, reali) + alpha(j, reali) * Ar(:, j, reali) * At(:, j, reali)';
        end
        H(:, :, reali) = gamma * H(:, :, reali);

        if(rank(H(:, :, reali))>=Ns)
            count = count + 1;

            [U, S, V] = svd(H(:, :, reali));
            Fopt(:, :, reali) = V([1:Nt], [1:Ns]);
            Wopt(:, :, reali) = U([1:Nr], [1:Ns]);
        end
    end

    SNR_dB = -35:5:5;  %信噪比
    SNR = 10.^(SNR_dB./10);
    smax = length(SNR);
    for reali = 1:realization
        [ FRF, FBB ] = OMP( Fopt(:, :, reali), NRF, At(:, :, reali) );
        FBB = sqrt(Ns) * FBB / norm(FRF * FBB, 'fro');
        [ WRF, WBB ] = OMP( Wopt(:, :, reali), NRF, Ar(:, :, reali) );
        for s = 1:smax
            R(s, reali) = log2(det(eye(Ns) + SNR(s)/Ns * pinv(WRF * WBB) *
                  H(:, :, reali) * FRF * FBB * FBB' * FRF' * H(:, :, reali)'
                  * WRF * WBB));
            R_o(s, reali) = log2(det(eye(Ns) + SNR(s)/Ns * pinv(Wopt(:, :, reali))
                  * H(:, :, reali) * Fopt(:, :, reali) * Fopt(:, :, reali)' * H(:, :, reali)'
                  * Wopt(:, :, reali)));
        end
    end

    figure()
    plot(SNR_dB, sum(R, 2)/realization, 'Marker', '^', 'LineWidth', 1.5, 'Color',
        [0 0.498039215803146 0]);
    grid on;
    hold on;
    plot(SNR_dB, sum(R_o, 2)/realization, 'r-o', 'LineWidth', 1.5);
    xlabel('SNR(dB)');ylabel('频谱效率(bits/s/Hz)');
    legend('OMP算法', '最优全数字预编码');
```

频谱效率曲线如图 6.15 所示。

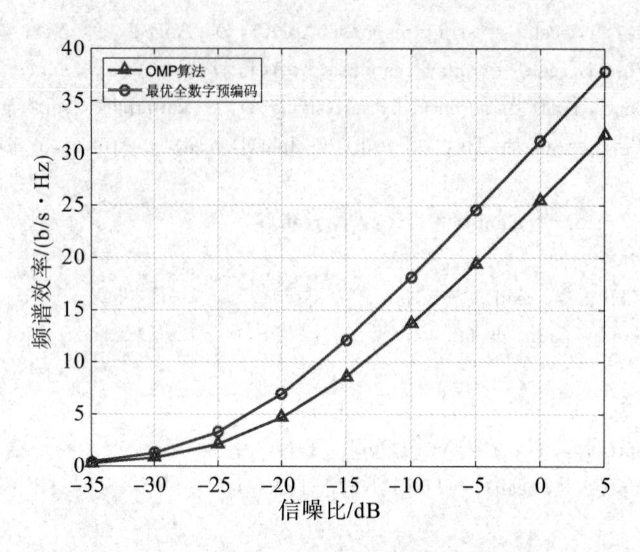

图 6.15　频谱效率曲线

本 章 小 结

本章主要介绍了 MATLAB 在通信仿真中的应用。首先概述了阵列信号处理的背景以及发展历程，然后介绍了阵列基础知识，包括阵列流形、统计模型和几种常见的阵列形式，最后详细阐述了 MUSIC 算法、ESPRIT 算法、FastICA 快速定点算法、MVDR 算法、SMME 算法及基于 OMP 的稀疏混合预编码方法的原理和仿真实现。本章内容涉及多种阵列信号处理领域的基础算法，具有较强的实用性。

习　　题

1. 假设平面中有一 8 阵元等距线阵，阵元间距为半波长，信道为 AWGN，SNR＝10 dB，快拍数为 512，平面波的波达方向分别取－50°、30°和 40°。试用 MUSIC 算法估计波达方向并画出空间谱。

2. 假设平面中有一 8 阵元等距线阵，阵元间距为半波长，快拍数为 512，平面波的波达方向分别取－50°、30°和 40°，各信号的 SNR 分别为 5 dB、10 dB 和 15 dB。试用 ESPRIT 算法估计波达方向。

3. 假设平面中有一 8 阵元等距线阵，阵元间距为半波长，信道为 AWGN，快拍数为 512，平面波的波达方向分别取 0°、20°和 40°，期望方向为 40°，SNR 分别取－15 dB、5 dB 和 15 dB。试用 MVDR 算法进行波束成形并画出波束成形增益。

4. 试用 FastICA 快速定点算法分离超高斯信号。

参考文献

[1] 张贤达，保铮. 通信信号处理[M]. 北京：国防工业出版社，2000.

[2] 沈风麟，叶中付，钱玉美. 信号统计分析与处理[M]. 合肥：中国科学技术大学出版社，2001.

[3] 何振亚. 自适应信号处理[M]. 北京：科学出版社，2002.

[4] 王永良，陈辉，彭应宁，等. 空间谱估计理论预算法[M]. 北京：清华大学出版社，2004.

[5] HOWELLS P. Intermaediate frequency side-lobe canceller[P]. U. S. Patent 3，202，990，1965. 8.

[6] APPLEBAUM S P. Adaptive arrays[J]. IEEE Trans Antenna and Propagation，1976，24：585-598.

[7] WIDROW B，MANTEY P E，GRIFFITHS L J，et al. Adaptive antenna systems [J]. Proc IEEE，1967，55：2143-2159

[8] CAPON J. High resolution frequency wave number spectrum analysis[J]. Proc IEEE，1969，57：1408-1418.

[9] SCHMIDT R O. Multiple emitter location and signal parameter estimation[J]. IEEE Trans Antenna and Propagation，1986，34：276-280.

[10] ROY R，PAULRAJ A，KAILATH T. ESPRIT-A Subspace rotation approach to estimation of parameter of cissoids in noise[J]. IEEE Trans on ASSP，1986，34：1340-1342.

[11] GABRIEL W F. Adaptive arrays-An introduction[J]. Proc IEEE，1976，64：239-272.

[12] COMPTON W F. An adaptive antenna in a spread communication system[J]. Proc IEEE，1978，66：289-298.

[13] SWALES S C，BEACH M，EDWARDS D，et al. The performance enhancement of mulitibeam adaptive base-station antennas for cellular land mobile radio systems[J].

[14] SETAL R L. Rapid convergence ratein adaptive radar[J]. IEEE Trans on AES，1973，2：237-252.

[15] KELLY E J. Adaptive detection in nonstationary interference，Part[R]. Technical Teport 761，MIT Lincon Laboratory，1987.

[16] LORENZ R，BOYD S P. Robust minimum variance beamforming[J]. IEEE Trans Signal Processing，2005，53：1684-1696.

[17] YU J L，YEH C C. Generalized Eigenspace Based Beamformers[J]. IEEE Trans Signal Processing，1995，43(1)：2453-2461.

[18] LEE C C, LEE J H. Eigenspace based adaptive array beamforming with robust capabilities[J]. IEEE Trans Antenas Propagation, 1997, 45(12): 1711-1716.

[19] 毛志杰，范达，吴瑛. 一种改进的 qd 基于投影预变换自适应波束成形器[J]. Journal of information Engineering University, 2003(6): 58-59.

[20] RUSU C, MENDEZ-RIAL R, GONZALEZ-PRELCIC N, et al. Low complexity hybrid precoding strategies for millimeter wave communication systems [J]. IEEE Transactions on Wireless Communications, 2016, 15(12): 8380-8393.